WAR BIRDS

大空の激闘

三野正洋
MINO MASAHIRO

WAC

まえがき

大空の激闘

現存する第二次大戦機による航空戦の再現

ここ数年、欧米においてウォーバーズ中心の航空ショーが、大きな広がりを見せている。このウォーバーズ（戦争の鳥たち）という言葉だが、直訳すれば広義の軍用機を意味している。

しかし実際には、第二次世界大戦に参加した航空機を指している場合が多い。それらは、我が国の零戦、アメリカのマスタング、グラマン、イギリスのスピットファイア、ドイツのメッサーシュミットなどで、すでに第一線を退いて70年以上の時がたっている。

この時代の軍用機は、プロペラ付きレシプロエンジンの航空機という意味から、歴史における一つの技術的な頂点ということもできる。

したがって戦争の道具という範疇をはるかに超えて、人々の関心を引いているのであった。

その証拠に、近年、日本上空を飛んだ〝零戦〟は、大多数の国民にある種の愛情をもって見られているという事実もある。

実際、前述のごとく、欧米では古いウォーバーズが次々とレストアされ、新しい生命を授かっている。

そして彼の地の航空ショーでは、百機近い金属製の猛禽たちが、与えられたその命を謳歌し、大空狭しと飛び回る。

その情景を目にし、爆音を耳にするときこそ、これらの航空機に関心を抱いている人たちにとって、まさに至福の時と言ってよい。
筆者もまさにその一人で、半世紀以上前から、ウォーバーズを追いかけて多くの国々を訪ねてきた。
そしてある静かな雨の日曜日、四桁にのぼるバーズの写真を眺めているうちに、これらを使って、第二次大戦の航空戦を再現することが可能かもしれないと思いついた。
これが出版社の協力を得られて実現すれば、間違いなく世界初、あるいは世界唯一の企画と言えるのではないだろうか。
この構想の結果生まれたのが本書である。ここに登場するウォーバーズはいずれも、それぞれの国が全力を挙げて誕生させた技術の結晶を意味している。
ごく一部に静的展示（スタティック・ディスプレイ）の機種もあるにはあるが、ほとんどはフライアブル（飛行可能）なのである。
これらを使って大戦中の航空戦を再現する。航空機ファン、エンスージアストであるならば、だれでも胸躍るシーンの連続となるに違いない。
ということで早速、ページを開いて名だたる軍用機の魅力と、華麗な空の戦いのエピソードを満喫してほしいと願っている。

ここで生真面目な飛行機ファンのために、次の事柄を記しておく。

1. 本書はこれまで述べてきたごとく、現在、フライアブルな戦闘用航空機を主役として登場させている。この状況を優先させているため、厳密にいえば型式などは正確ではない。例えば本来なら零戦11型、あるいは22型であるべき個所に52型を、またメッサーシュミットBf109については、オリジナルの機体に加えて、外観のほぼ等しいスペイン製の機体も使っている。

2. 同様にそれぞれの戦いの状況なども、歴史の厳密な事実から少々離れて記述している場合がある。加えて写真のキャプションに関しても、そのときの情景を思い描き、自由に書いている。

3. 入手できない航空機の写真（たとえば中東の空軍機など）にあっては、ごく一部ながら大国の空軍の機体の国籍マークを消して流用した。

4. それぞれの戦いの雰囲気を醸し出したいため、わずかながら写真に最新の技術的なリタッチを行っている。この点ご了承いただき、それでも気になる読者は、それがどの部分か、考察するのも一興だろう。

5. 航空戦に関しては、朝鮮、ベトナム、中東戦争の戦いも、興味深いものは取り上げた。もちろん関連する航空機がフライアブルな状況で存在していることが条件で、先の戦争にも、例えばF-86セイバー、そしてミグMiG-15ファゴットといった魅力的なウォーバーズが参加しているからである。

このような諸点を前提に、本書を繙(ひもと)いていただきたい。さらに、ぜひ欧米のこの種のエアショーの見学をお勧めする。細かい点を気にしなければ、大戦で活躍した戦争の鳥たちの活躍ぶりを、自分の目、繰り返すが自分の目で見ることが可能なのである。

たとえば零戦とグラマン、セイバーとミグの空中戦など、それが模擬空戦であることを十分承知していながらも、目の前で展開されると、まさに胸躍るシーンの連続なのである。しかも日本の国内では決して見ることは出来ない！

本書を開くことにより、飛行機好きを自認する方々に、少しでもこの興奮を共有できれば、著者としてはそれ以上の喜びはない。

さらに巻末にはそれぞれの写真の撮影場所を記載した。これはバーズのショーを訪れるさい、必ず参考になると信じている。

著　者

目次

本文写真　三野正洋
装丁･本文デザイン　小林義郎／デナリパブリッシング株式会社

第01話

エース坂井三郎の不覚

昭和17年8月7日　ガダルカナル上空の空戦

昭和16年12月の太平洋戦争開戦以来、日本軍、とくに日本海軍は圧倒的な強さを見せ、アメリカ、イギリス軍に痛打を与えた。

真珠湾で戦艦4隻を、その直後のマレー沖海空戦でイギリス戦艦2隻を撃沈し、まさに向かうところ敵なしであった。加えて4カ月後のインド洋の戦いでも勝利を収めた。

しかし開戦から半年もたたないうちに、巨大な生産力を誇るアメリカの反撃が始まる。

4月18日、航空母艦から発進したアメリカ陸軍のB-25ミッチェル爆撃機16機が、日本本土を襲った。さらに5月7、8日の珊瑚海海戦では、互いの損害だけを見れば引き分けという結果に終わったものの、戦略的にはアメリカ側の勝利となった。

そしてさらに1カ月後、日本海軍はミッドウェイ島を巡る攻防戦で、大打撃を被る。

多くの判断の誤りに加え、不運も重なって、悲劇的な状態に追い込まれた。

虎の子の、わずか6隻しかない大型航空母艦のうち4隻、航空機260機、また多くの熟練した搭乗員を失ったのである。

空母1隻、航空機150機という戦果を得ているが、両国の生産力を考えると、この大戦争の最後の勝利の見込みは消え去ったということもできよう。

その一方で、日本海軍の基地航空部隊は健在で、なかでも零戦を主力とする戦闘機戦力は、まだまだ無敵に近かった。

ソロモン群島とその近海では、激しい航空戦が行われていたが、周辺地域の制空権を握っていたのは間違いなく日本側であった。

この戦いの主役は海軍戦闘機隊とアメリカ陸軍の航空部隊である。

具体的には零戦対ロッキードP-38ライトニング、ベルP-39エアラコブラ、カーチスP-40キティホークなどの戦いであった。

この頃、零戦隊が大きな戦果を挙げ得た理由としては、アメリカ側の戦闘機のすべてが、大型で重量も大きいにもかかわらず戦術的に未熟で、反対に軽量、運動性に優れた零戦に格闘戦／ドッグファイトを挑んでいたからと言ってよい。

このような状況のなかでもっとも華々しい活躍を見せ、その名を南太平洋に轟かせたのは、ニューブリテン島ラバウルを基地とする台南航空隊であった。

そしてその中心となっていたのは、笹井醇一中尉、坂井三郎飛曹長で、彼らと部下の操縦する零戦は、史上最強の戦闘機隊を自負していた。

実際、この状況は5〜7月と続き、彼らの士気は充分に高かった。

しかし8月7日、この状況は一変する。

大艦隊に護衛された40隻の輸送船団が1個師団の海兵隊を乗せて、ラバウルから約1000キロ離れたガダルカナル島に来襲したのである。これはアメリカが総力を挙げた反攻作戦の第一歩であった。そしてそれから5カ月にわたる、この島の争奪戦が開始される。

上陸初日、ラバウル基地から陸上攻撃機27機、零戦12機によるガ島攻撃が実施された。すでに数十機の撃墜数を誇る超エースの坂井も、2機の列機を率いて遠い戦場を目指す。

歴戦の零戦隊にとって、問題は1000キロという距離であった。直線距離では東京を離陸し、鹿児島県屋久島へ向かうのと同じである。つまりこの長距離を飛行して敵機と戦い、その後、同じ距離を戻らなければならない。

のちにこの戦闘を振り返ると、結果

01-2. ミッドウェイ海戦以来、大活躍したドーントレス艦爆

として日本側が敗れた最大の原因は、この点にあったと言えるのである。

それはともかく、坂井はガ島上空で、これまでのような陸軍機ではなくアメリカ海軍機と死闘を演じることになる。

まず手強いパイロットの操縦するグラマンF4Fワイルドキャットと戦い、なんとかこれを撃墜する。坂井はこれによりかなり体力を消耗した。その後、複座の新型艦上爆撃機ダグラスSBD-5ドーントレスを片づけるが、こちらは比較的容易だった。

そして次の敵編隊を攻撃するのであるが、ここで人生最大の不覚をとることになる。彼は、がっちりと編隊を組んだ8機の敵機をワイルドキャット戦闘機と思い込み、後上方からの近接射撃で何機かを一挙に葬り去ろうとした。

当然ながら戦闘機なら後方に向けた防御火器を装備していないから、攻撃は易々と成功するはずだった。

ところが視力に絶対の自信を持っていた坂井が、どういうわけか相手の機種を見誤ったのである。

実はこの敵編隊はドーントレスで、その運動性から零戦を相手に格闘戦などとうてい不可能なため密集編隊を組み、それぞれが2挺装備している7.7mm機銃の集中砲火で対抗しようと待ち構えていた。

最後の瞬間、坂井はそれに気づいたが、もはやすべてが遅すぎた。零戦についている4丁の機銃を発射しながら、相打ちを狙うしかなかった。

超エースとしては信じられない誤認！　彼の愛機は多数の機銃弾を受けて中破し、我が国最高のパイロットも重傷を負う。

本来なら撃墜されても一向におかしくない状況であったが、坂井は必死に傷ついた零戦を操り、なんとかラバウル基地に生還を果たすのであった。

しかしその後戦線に復帰するものの、片目の視力を失い、エースの座に戻ることはなかった。

なお戦後出版された彼の手記には、この戦闘でドーントレス2機を撃墜したと書かれているが、これについてのアメリカ側の記録はない。

しかしその直前に、単機で飛行中に撃墜したとされる同じ機種に関しては、確認されている。

それにしてもガダルカナル戦の初日に勃発したこの空中戦は、この島を巡る大戦闘の魁(さきがけ)として、日本軍の敗退を象徴するものであったように思える。

さて最後に殊勲のドーントレス艦上爆撃機について触れておく。本機は日本海軍の愛知99式爆撃機よりも数段優れた性能を持ち、大戦勃発とともにそれを十分に発揮した。とくにミッドウェイ海戦では3隻の空母から延べ112機が発進、日本海軍機動部隊の赤城、加賀、蒼龍、飛龍の4隻の空母を完璧に叩いたのであった。代償として36機が失われているが、その活躍は戦争の勝敗に大きな影響を与えた。

また特筆すべきは、ドーントレス(Dauntless)という機名である。これは〝勇敢な〟という形容詞で、アメリカ機のネーミングとしてはかなり珍しい。

大戦中のイギリスの大型空母が艦名として形容詞(例えば〝輝かしい〟〝無敵の〟といった)を用いていたことはあまりに有名だが、同じ命名法のアメリカ軍機など他にはちょっと思いつかないのである。

01-3. 坂井と愛機に痛手を与えたSBDの連装機関銃

第02話 巨大爆撃機B-52 vs SA-2ガイドラインミサイル

ベトナム戦争の「ラインバッカーII」作戦

ベトナム、ラオス、カンボジアからなるインドシナ半島は、1960年代から70年代の中頃まで激しい戦火の中に置かれた。

これはベトナム全土で、思想的に異なる二大勢力が真正面からぶつかり合ったことによる。

一方は南ベトナム政府で、これをアメリカが最大54万人の兵員を派遣し強力に支援した。反対の側には民族解放戦線があり、その背後には北ベトナム共産政府軍があった。

さらに前者には韓国軍などが、後者には中国軍がついていたため、戦闘は周辺の国を巻き込んで拡大していく。

アメリカは1968年頃から、南ベトナム領内に加えてタイ国、グアム、沖縄から爆撃機を出動させ、北ベトナムへの空爆を開始する。これは当時「北爆」と呼ばれた。

これに対して北は中国、旧ソ連から大量の対空兵器の供与を受け迎撃する。

それらは戦闘機、各種対空砲、そして実用化されたばかりの対空ミサイル

02-1. 爆弾倉を開いて飛ぶB-52

SAMの三本立てであった。

北爆を敢行する米軍機と北ベトナム対空陣の戦いは、途中に何度かの中断をはさみながらも、1972年の年末まで続く。

この間アメリカと北ベトナム政府とでたびたび休戦の話し合いが行われており、その駆け引きの一環として、壮絶な空の戦いが勃発した。

そのもっとも大規模なものは、アメリカ空軍が「ラインバッカーII」と名付けた史上最大の爆撃作戦で、72年の12月に実施される。なおこの作戦名は、爆撃を決断したR・ニクソン大統領が、学生時代にフットボールのラインバックをつとめていたことから名づけられたものであった。

北爆の主力は、世界最大の爆撃機であるボーイングB-52ストラトフォートレス。1952年初飛行の決して新しい航空機ではないが、8基のジェットエンジンを持ち、30トンを超す爆弾を搭載可能な、まさに巨大爆撃機であった。

しかも1万メートルを超す高度を飛行することから対空砲はほとんど無力。さらに随伴する多数の戦闘機、戦闘爆撃機によりミグ戦闘機の迎撃も難しく、対空ミサイルSA-2が北の国土を守るほとんど唯一の手段であった。

主としてソ連から送られてきた全長11m、重さ2.3トンにも達するこの兵器には「ガイドライン」という名称が与えられていた。これはアメリカ軍ならびにNATOが、製造国の名称とは別に与えたコードネームである。

ベトナム戦争の全期間を通じて供与されたSA-2は、実に4000発と言われていた。

また飛翔速度は音速の2.2倍、到達高度は2万8000メートル、射程は30キロを超えている。そして探知レーダー(スプーンレストS-75)と誘導レーダー(ファンソンSNR75)の支援によって、持てる能力を最大限発揮する。

B-52対ガイドラインの戦闘は、72年12月18日から開始された。

アメリカ軍は150機のB-52を配備、1日平均70機を投入し、軍需施設だけではなく初めて首都ハノイ、港湾都市ハイフォンの市街地を爆撃する。

02-2. SA-2はこのような状態で運搬される

02-3. 空を睨むSA-2ガイドライン

北側は対空砲の使用を諦め、ミグMiG21戦闘機とSAMの大量発射で対抗する。さらにB-52編隊の行動を徹底的に分析し、迎撃の効果を高めることに努力を集中した。

それまで人口密集地域への爆撃は禁止されていたが、共産側を休戦会談のテーブルにつかせる目的で、この攻撃は実施されている。

もちろんB-52部隊だけではなく、多くの戦闘機、攻撃機が参加、主として対空陣地の破壊に努める。

北ベトナムは住民を都市から疎開させ、全力を挙げて爆撃効果の削減とB-52の迎撃に取り組んだ。SAMの発射基地だけでもその数は300カ所を数え、2000基が高空を睨む。

この日から11日間、ラインバッカー作戦の終了まで、曇天が多いハノイ周辺の空は、硝煙と轟音に満ちることになる。

さらにアメリカ側、北側とも持てる頭脳と知識、そして技術を動員して戦うのであった。

B-52は3機で編隊を組み、レーダーへの電子妨害である欺瞞紙（チャフ）の散布を多用して侵攻した。これにより防御スクリーンを構成、さらに護衛の電子戦専用機からの支援もあった。

その結果、第1日目に2機、そして3日目には一夜にして6機を撃墜する。これは編隊が爆撃を終え、帰投しようと大きく旋回し、このさい防御スクリーンが乱れる弱点を突いたことによる。

巨大としか言いようのない爆撃機は、次々とハノイ上空で炎に包まれて墜落していった。この状況はアメリカ空軍に大きな衝撃を与えた。

一方、ミサイルは発射時に、どうしてもかなりの量の火炎と煙を発する。1発でも打ち出すと、それを目当てにアメリカ軍の戦闘爆撃機がこの発射基地を徹底的に攻撃し、基地の要員に犠牲者が続出している。

1972年の終わりと共に、この戦闘も終了したが、〝棚卸し〟は次のような結果となった。

B-52の出撃数700回、投下爆弾量1.5万トン、損失14機、そのほか2機が不時着全損、損傷12機。その代償として北ベトナムの大きな都市のほとんどは完全に破壊され、迎撃したミグ戦闘機2機が撃墜された。

この1.5万トンという量は、昭和19年9月から終戦まで日本本土に投下された16～17万トンの10%に相当する。これがわずか11日という短期間に降り注いだ事実から、北の損害の大きさがわかろう。

またガイドラインはこの間、1000～2000発が発射され、爆撃機1機の撃墜に60～70発が必要であった。

これらの数字を見ると、ラインバッカーIIが成功であったかどうか、判断に苦しむ。しかしその後、北側は和平交渉に応じたので、一応成功と見るべきか。

さらにこの戦いでは、次の事柄が事実として戦史に残った。

●爆撃機に搭載されている防御用機関銃が、敵機を撃墜した歴史上最後の空中戦闘であったこと。前にもわずかに触れているが、B-52の尾部に装備されている4挺の12.7㎜が、ミグMiG21戦闘機を撃墜している。

●1952年に初飛行しているこの大型爆撃機の価値が再認識され、そのため現在でも約70機が現役にあり、しかも今後10年にわたって使われ続ける予定であること。つまりB-52の寿命は実に70年となる。

これほど永く現役にとどまる軍用機は、二度と登場しないと思われる。

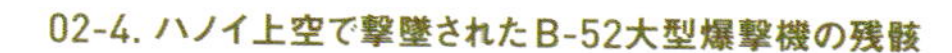
02-4. ハノイ上空で撃墜されたB-52大型爆撃機の残骸

第03話

“野生の猫”の奮戦

開戦直後のウェーク島争奪戦

1960年の中頃、それまで客船に頼っていた日米間の交通に、新たに航空路が開設された。使用機はダグラスDC-6型などのレシプロ4発機で、最初は片道で30時間を要していた。

東京からロスアンジェルス、サンフランシスコがこれによって結ばれたわけだが、現在と異なり当時の旅客機では、この路線を無着陸で飛行するなど、まさに夢でしかなかった。

東京からアメリカ本土に向かうとすると、まず3200キロ離れたウェーク島に飛び、乗員、乗客の休養と給油を行う。それから次はハワイを目指し再び休養と給油。そして目的地着といった具合だった。

北緯19度17分、東経166度36分に位置するウェークは、この時代極めて重要であった。しかしまもなく旅客機の航続力は大幅に向上し、この島は次第に忘れられていく。

それからまた時を遡れば、太平洋戦争開戦直後にはこの島を巡り、極めて激しい戦闘が起こっている。

当時からアメリカの支配下にあって、2本の整備された滑走路があり、1500名の軍人、多数の対空砲、沿岸砲、そして12機のグラマンF4Fワイルドキャット戦闘機が配備されていた。

真珠湾攻撃と歩調を合わせて、日本海軍はウェーク島の占領を画策する。

たしかにハワイから3700キロ、ミッドウェイから2200キロの地点にあるこの島は、両拠点を睨む絶好の位置にあった。

日本艦隊は4隻の駆逐艦を中心に輸送船、砲艦など20隻で島に接近する。上陸するのは陸戦隊（海軍の陸上部隊）2個中隊である。航空支援としてはルオット島から飛来する三菱96式陸上攻撃機27機となっていた。

これだけの兵力であれば、総数1500名程度のアメリカ軍など短時間で殲滅でき、したがって島の占領など容易と日本海軍は考えていたようである。

完全に包囲されているので、もしかするとアメリカ軍は戦わずに降伏する

ウェーク島の攻防戦1941年12月8〜28日

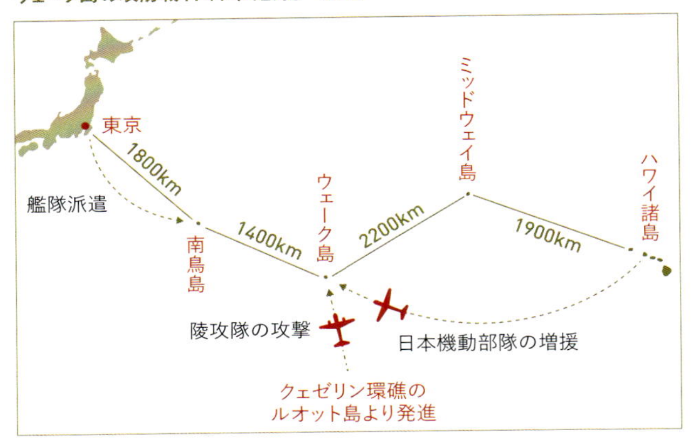

アメリカ側は滑走路の1本を破壊されたこともあり、この時点で飛行可能なF4Fはわずか4機となっていたが、それでも戦闘意欲が衰えることはなかった。

この4機を突貫工事により100ポンド（45キロ）爆弾を搭載できるように改造し、再度の来襲に備えたのである。

2週間後、陣容を立て直した日本艦隊がウェークに接近し、2隻の空母が艦載機を発進させ、基地の施設と砲台を完全に破壊すべく行動を起こす。

この時点でもなお、激戦が続く。まず中島97式艦上攻撃機2機が撃墜され、どちらの乗員も戦死。

さらにF4Fのうちの2機が、艦船に爆撃を行った。このさい45キロの小型爆弾が駆逐艦如月（きさらぎ）に命中。悪いことに場所が対潜用の爆雷の貯蔵庫であったため、それらが誘爆し、この駆逐艦は爆沈したのである。

加えて上陸部隊も、豊富な火器を駆使して猛烈に抵抗する海兵隊によって多数の死傷者を出している。

最終的に全く増援部隊を期待できないアメリカ軍は降伏、ウェーク島は日本軍のものとなった。

可能性さえあった。

戦闘は96陸攻の爆撃から開始されたが、すぐに状況はそう簡単ではないことが証明される。

ワイルドキャットは護衛戦闘機のない陸攻編隊を攻撃、これにより1機が撃墜され、4機がかなりの損害を被った。

これを知った駆逐艦が島に接近し艦砲射撃を行ったが、これまた強力な反撃を受ける。不用意に近づいた新鋭の駆逐艦疾風（はやて）が、海岸からの5インチ砲によって直撃弾を受け、短時間のうちに沈没、多くの死傷者を出した。

損害はそれだけではなかった。ワイルドキャットは輸送船、砲艦を執拗に銃撃し、島へ近づくことを阻止した。

しかたなく日本側は撤退、戦力の増強を図るとともに真珠湾攻撃から帰還した空母蒼龍、飛龍を加え、再攻撃を行う。

それにしてもわずか1500名の守る島を占領するのに丸々2週間を要し、日本軍の戦死者は実に600名近かった。これに対してアメリカ軍のそれは130名に満たなかった。

ほぼ同時期の真珠湾攻撃、マレー沖海空戦大勝利の影に隠れて明らかになっていないが、開戦直後の日本海軍も、実はこれだけの敗北を喫していたのである。

ウェークの戦いの主役は、なんといってもF4Fワイルドキャット（アメリカ北部に生息する野生の猫）戦闘機で、最初は12機、最後は4機にまで減りながら獅子奮迅(ししふんじん)の活躍を見せた。

この理由は強靭な機体構造、大きな急降下速度、そしてなによりも機械としての信頼性にあった。

さらに救援がまったく期待できない状況にあっても戦い続けたアメリカ軍の将兵の闘志も、評価しなければならない。

残念ながらこのウェーク島を巡っては戦いの後、捕虜の虐待事件、のちにはアメリカ軍の包囲下における日本軍将兵多数の餓死、戦病死などがあり、悲惨な状況の記録が残る。

しかしそれらを明らかにするのは、本書の主旨とはかけ離れていることを記しておこう。

03-2. 典型的な中翼であることがよくわかるF4F

第
04
話

大型爆撃機編隊による超低空攻撃

ルーマニア・プロエスティ油田上空の死闘

日本、ドイツ、イタリアの枢軸主要3カ国は、戦争を遂行する上で共通した弱点を持っていた。それは言うまでもなく原油、石油の不足である。

なにしろ日独伊は、いずれも全くと言ってよいほど自国で石油を産出しない。

1943年の初めから、石油不足は徐々に深刻な状況になり、日本、イタリアは大掛かりな作戦の立案に困難を感じるほどであった。

他方、ドイツ第三帝国は、なんとか戦争を続けることが出来ていた。それには二つの方法で充分と言えないまでも、石油を確保できる見込みがあったからである。

一つは親独政策をとるアラブの国家(正確にはこの時点では国家とは言えないが) からの輸入、もう一つは同じく親独政府が支配するルーマニアの油田であった。

なおルーマニアは、このとき枢軸側にあった。

しかしアラブの石油は、この地域におけるイギリスの影響力が強くなり、明らかに先細りとなっていた。こうなれば頼りはルーマニアのみである。

04-1. 砂漠で実施された
B-24リベレーター爆撃訓練における光景

連合軍も当然この事実に気づいており、同国からドイツに送られる燃料の阻止に動き出す。

これによってルーマニア最大の採油、精製施設を持つプロエスティが、新たな戦場になるのである。この地は首都ブカレストから60キロほど南に位置し、8キロ四方に四つの大規模施設が存在した。

アメリカ軍は早くからこのプロエス

ティ油田に注目しており、大型爆撃機を集中的に投入して壊滅を図る。

この作戦は、「タイダルウェーブ」と名付けられたが、これは爆撃機編隊が超低空から〝津波〟のごとく油田に襲いかかることに由来する。

攻撃の主役は、アメリカのアフリカ派遣第9空軍で、同軍は6月の初めから〝津波作戦〟の準備に取り掛かっていた。投入するのは、長距離性能に優れた大型爆撃機コンソリデーテッドB-24リベレーターの5個グループ約200機である。

懸念すべきは往復3000キロを超える敵地上空の経路で、その途上には対空砲、迎撃戦闘機が待ち構えているはずであった。しかも距離から言って、護衛戦闘機の随伴は不可能である。

当然、大きな損害が予想されるが、油田、精製施設の破壊が、ドイツにとって極めて手酷い打撃になることに間違

04-2. 被弾してエンジンから白煙を出したB-24リベレーター

いはない。

このようにしてタイダルウェーブの準備は着々と進められていった。

もちろんドイツ、ルーマニア側も、いつか連合軍の爆撃があることは必至と予想し、それを阻止するために手厚い防御態勢をとりつつあった。機は熟したのである。

37、57㎜、そしてこれまでにその威力を見せ付けていたハチハチ（88㎜）高射砲など300門以上の対空火器、ドイツ軍・ルーマニア軍を合わせると250機近い迎撃戦闘機がいずれ必ず来襲するはずの連合軍機を迎え撃つ。

8月1日、リビアのベンガジ基地を180機近いB-24が遅発型爆弾を満載して離陸し、地中海を横断してヨーロッパに侵入した。その後、超低空でルーマニアに向かう。

これはドイツ軍のレーダーを避け、同時に対空火器の効力を減少させるためであった。

目標に接近する頃から、リベレーターの大編隊に問題が起きる。まず天候が悪化し、これによる針路の誘導に誤りが生じた。

この理由から組織立った爆撃は不可能となり、五つの航空団が独自に攻撃するという事態になる。

一部は目標となる油田を確認できなかったが、少なくとも150機がプロエスティに突入した。

猛烈な対空砲火の中、4発爆撃機は150フィートまで高度を下げ、油田に襲いかかり爆弾を投下する。

そのほとんどは、遅延信管付きの1000ポンド爆弾である。地上に落下してから爆発までしばらく間のある爆弾を投下したのは、超低空における自身の機体をその衝撃から守るためである。

B-24は1200馬力のエンジン4基を持ち、翼幅は33mを超える大型の爆撃機である。それが50mという低空を飛ぶことは通常では危険が多く、あり得ることではない。

しかしタイダルウェーブでは、正確に投弾するため、第9空軍はこのような戦術に賭けていた。

たしかにもっとも威力のある88㎜高射砲は、爆撃機の運動に追従できず、37、57㎜高射機関砲が効果的であった。

ヨーロッパ最大と言われた油田地帯は1時間余り、エンジン、対空砲の轟音、そして施設の火災、墜落炎上する航空機の煙に覆われ、まさに地獄のような状況を呈した。また迎撃に離陸したドイツ軍、ルーマニア軍の戦闘機は、自軍の激しい対空砲火のため、戦場の上空に近寄れない有様であった。

数機のB-24は、製油所の高い煙突に衝突し爆弾を抱えたまま墜落、大爆発を起こしている。

爆撃を終え脱出を図るB-24の編隊は、次に当然のことながらメッサーシュミットBf109、同Bf110などの攻撃を受けた。

これにはルーマニア製の戦闘機IAR-80も参加している。わずかに150機前後しか生産されなかったこの戦闘機が、世界の空戦史のなかで取り上げられるのは、ここプロエスティの空戦のみといってよい。

さてこれだけ壮烈な製油施設を巡る大攻防戦の結果は、どのようなものだったのであろうか。

180機近く出撃した爆撃機のうち、撃墜されたものは50機前後、十数機が不時着し乗員は捕虜となった。また中立国のトルコにも10機が着陸。機体、乗員は抑留されている。無事にベンガジ基地まで帰投できたのは約半数に過ぎなかった。

04-3. 迎撃するメッサーシュミット戦闘機

一方、ドイツ、ルーマニア側の損害もまた甚大だった。製油所の能力の4割が喪失、作業員170人が死亡し、さらに対空陣地も大きな打撃を受けて110名が戦死している。加えて迎撃戦闘機4機が、B-24の防御砲火で撃墜された。

しかし特筆すべきはドイツ側の修復能力の高さで、わずか4カ月後には、プロエスティ製油所は爆撃以前と同等までに回復している。

このように考えると、タイダルウェーブ作戦は成功と言えるかどうか、微妙なところなのであった。

04-4. 最強の対空火器である88mm高射砲

背負い式エンジンのジェット機は飛んだのか

ハインケルHe162サラマンダーの真実

航空の歴史を振り返ってみると、軍用ジェット機のエンジンの搭載方式には、幾つかのタイプがあることに気づく。

●胴体に1基のエンジンを組み込んでいる型式＝ロッキード・マーチンF-16ファイティングファルコンなど

●胴体に2基を並列に組み込んでいる型式＝パナビア・トーネードなど

●胴体に2基を縦に並べて組み込んでいる型式＝イングリッシュ・エレクトリック・ライトニング

●主翼に2基を埋め込んでいる型式＝グロスター・ミーティアなど

●主翼の下に2基を密着させている型式＝メッサーシュミットMe262シュツルムフォーゲルなど

がある。本当にいろいろなタイプがあって、それぞれの設計グループは、頭脳を振り絞って最良の道を探ろうとしていたことがわかる。

ほとんどのジェット戦闘機のエンジンの装着方法は、上記の型式のいずれかに当てはまるが、例外とも言える方式もある。

たとえば、これは戦闘機ではなく攻撃機なのだが、我が国でも時折その姿を見ることができるフェアチャイルドA-10サンダーボルトIIは、そのうちの1機である。2基のエンジンを後部胴体の両側に突き出した形で装備している。

もうひとつの例外は、第二次大戦の末期に登場したドイツ空軍のハインケルHe162サラマンダーで、本機こそ、この章の主人公ということになる。

サラマンダー（火龍）は、なんとジェットエンジンを胴体に背負う形で装備した航空史上唯一の実用ジェット戦闘機であった。

また本機は、ドイツ第三帝国の技術の結晶ということもあって、いまだに多くの人々の関心を集めている。さらに最近になって、新たな情報も発表されているので、火龍の履歴を追ってみよう。

1944年の夏の終わり、敗色が濃厚となったドイツは、簡易な構造ながら操縦がし易く、高性能が期待できる戦闘機の開発をそれぞれの航空機メーカーに命じた。しかもそれには、年末までに量産に着手可能という、信じられないような厳しい条件がついていた。

誰が考えても無理と思われるのだが、

05-1. 現代にも通用するデザインのHe162

天才的な設計者E・ハインケルはそれを易々と実現させるのである。
　そして12月には試作機が完成し、早速テスト飛行を開始する。
　これがハインケルHe162で、最初のうちフォルクス・イエーガー（国民の戦闘機）という呼び名が与えられたが、のちにサラマンダーに変更される。
　資材不足の折から機体の大半は木製、スパン（翼幅）がわずか7.2mという短い主翼を持ち、総重量は3トンに満たない。エンジンはすでに量産が始まっていたBMW003（推力0.8トン）を装備している。
　そしてこのエンジンは胴体の上に載った形になっている。そうであればジェット噴流を避けるため、当然垂直尾翼は左右に2枚、あるいはV字型となる。
　実物大模型（モックアップ）を見た空軍省は、すぐに4000機の生産を命じた。操縦するパイロットは軍人ではなく、ドイツ全土のグライダークラブの少年たちとした。常識からいえば、とうてい無理という以外にないのだが。
　このような状況の中でテストは行われたが、1号機は接着剤不良が原因でこれが尾翼の破損に繋がり、墜落する。
　しかしサラマンダーへの期待は高まるばかりで、増加試作機を使ってテストは続行され、次第に実用化へのめどが立つ。
　このテスト中に最高時速は750キロに達し、上昇力は1300m／分という素晴らしいものとなる。
　これらの状況を知るとき、多くの問題を内包しているにしても、ドイツの航空技術の高い水準に驚くしかない。悪条件のもと、信じられないほど短期間での開発、そしてほぼ要求を満たす性能と、アメリカ、イギリスでさえ不可能な技術を見事に消化している。
　これに比べると、戦争末期の我が国など、比較にならない。
　たとえばジェットエンジンに関しても、ドイツはこの頃にはユモ004、BMW003の2種を大量に生産している。翻（ひるがえ）って我が国では、ジェットエンジンの実用化など夢でしかなかった。
　ところで、背負い式に装備されたエンジンに問題はなかったのだろうか。このあたり、つまり操縦性に関してはなにも伝えられていない。
　さらにHe162の生産数に関しては、150〜300機と資料に幅がある。
　敗戦が色濃いこの時代にあって、正確さを求めるのは無理なのである。
　またサラマンダーの航続力は、機体が小さいこともあって極めて貧弱であり、距離の表示はなく飛行時間は1時間となっている。
　これはあまりにも少なく、いかに基

第05話

地上空の迎撃戦闘が主任務としても短かすぎる。この点が本機の最大の欠点であった。

敗戦の30日前頃から、サラマンダーは実戦に投入された。それはまさにドイツ空軍／ルフトバッフェにとって、落日直前の最後の輝きに似ていた。

これまでの資料では、本機の戦果に関しては全く伝えられてこなかった。

しかしごく最近の研究では、4月末にベルリン郊外の基地から発進したサラマンダーが、イギリス空軍のホーカー・テンペスト戦闘機を撃墜したとされている。

ただし残念ながら、このサラマンダーは基地に戻ることはなかった。

この原因については、僚機のテンペストに撃墜された、あるいは燃料を使い果たし墜落したという二つの説があるが、詳細は不明のままである。

また1951年のイギリスのファンボロー航空ショーにおいて、鹵獲した1機が再整備されてフライトした。

これまた残念なことに、この機体も観衆の面前で墜落、パイロットは死亡している。このあと火龍は二度と空を飛ぶことはなかった。

ただ、現在6機が世界各地の航空博物館に残されており、そのうちの半分は非常に良い保管状態に置かれている。

できればその中の1機でもフライアブルに出来ないか、というのが筆者を含めた多くのドイツ機ファンの願いなのであった。

05-2. 後部もリファインされた設計のHe162サラマンダー

第06話 東部戦線で戦ったフランス飛行隊

ノルマンディ・ニーメン部隊とは

1939年9月1日、ナチスドイツは大兵力をもってポーランドに侵攻。ここに第二次世界大戦が幕を開けた。英仏はすぐに宣戦を布告し、戦争は西ヨーロッパ全土に波及する。

しかしそれから半年以上、大きな戦闘はないままに過ぎていった。その状況が一変するのは翌年の5月で、それからひと月半ののちには、大国フランスが全面降伏に至るのであった。そし

06-1. フランスの博物館に展示されているYak-3

てこの国の北部はドイツが占領統治し、南は親独のビシー政権が支配する形となった。

その一方で、この現状に納得せず、イギリスにC・ドゴール将軍を中心とする自由フランス軍が誕生する。彼らは、日本語の片仮名の「キ」に良く似た十字を、統一のマークとして使用した。これは「ロレーヌの十字」と呼ばれた。

言うまでもなくイギリスはこの組織を全面的に支援し、所属する約10万名の兵士の訓練、武器の供与を行った。

この頃1941年の春から、ナチスのヒトラー総統は突然ソ連に攻撃を仕掛け、ここに独ソ戦が始まる。西で米英連合軍と、東でソ連軍と戦うなど、常識で考えれば信じがたい愚行なのだが、ヒトラーには両方の側で勝利を手中におさめる自信があったのだろうか。

このような中、ドゴールは多少余裕の出てきた自由フランス軍の一部を東部戦線に送り、ソ連に協力する方策を実行に移す。

正直なところ、その本意は理解し難いのだが、この計画は42年の秋から実現に向けて動き出す。

1個飛行連隊の編成可能なパイロットと整備員の第一陣が、ソ連に派遣されるのだが、この行程自体が問題であった。当然、西側からソ連への入国は不可能なので、彼らはなんと地中海からエジプト、イランのテヘラン、ソ連の統治下にあるバクーを経由して、ようやくモスクワ郊外の基地にたどり着いた。

第二陣も同じコースを経て到着し、訓

練に入った。使用機材はもっぱらソ連製のヤコブレフYak-1、3、9戦闘機である。

そして3月、飛行連隊（3個飛行隊約60機）の編成が完了した時点で、ソ連空軍と協力してドイツ軍と戦うことになった。

この部隊はノルマンディ・ニーメン（故郷のノルマンディ海岸とネマン河の意？）と呼ばれ、モスクワ周辺の戦線で活躍する。

主な使用機はYak-3であったが、登場したばかりのこの戦闘機は中高度以下の空中戦で極めて優れた能力を発揮した。

最近の研究では、あらゆる西側連合軍の戦闘機と同等、あるいはより優秀との評価さえあるほどなのである。当然、7000m以上の高度では、その限りではないのだが。

3000キロにわたる独ソ戦の戦線では、西ヨーロッパの戦場と異なり、戦略爆撃およびその阻止行動とは無縁で、戦闘のほとんどはもっぱら占領地の拡大と敵地上戦力の削減であった。

つまり戦いは常に地上軍の攻撃支援と防御という形態なので、付随する空中戦も3000m以下であった。

このためYak戦闘機は、Bf109、Fw190などのドイツ戦闘機と対等に戦うことができた。

しかし問題もあった。それはソ連の首相Y・スターリンの西側の人々に対する猜疑心である。

軍内部の政敵を倒して国の頂点に君臨していながら、独裁者である彼は誰ひとり国民を信用しないばかりか、同じ戦線で戦うフランス人に対しても同様だった。

したがってノルマンディ・ニーメン飛行隊の戦闘機についても、フランスの国籍表示はいっさい許可しなかった。さらにパイロット、整備員に関しても、特別な許可がない限り基地内での生活を強いている。

しかしその風向きもこの年の夏が過ぎると、多少変化が出始めた。

このころ東部戦線ではクルクスの戦いをはじめ激戦が続き、その上空で戦うニーメン飛行隊も死闘を繰り返す。

創設以来の指揮官であったJ・チューレン少佐も戦死、あとを継いだP・プイヤーン少佐も負傷。またある月に飛行隊はドイツ機13機を撃墜するも、操縦者の死傷者が10名を数えた。

このようなことからスターリンもその活躍を評価し、まずYak戦闘機のプロペラ先端のスピンナーを、フランス国旗の色（赤、白、紺）に塗ることを認めた。この塗装の機体は、現在パリの航空博物館に展示されている。

翌44年になると西部、東部の戦線と

もに、連合軍側の優勢が明確に表れるようになってきた。

またあらゆる分野の戦力に余裕が出始め、ニーメン部隊もこの恩恵を受けている。

スターリンもこれにより西側に対する猜疑心が多少なくなり、その影響は戦闘機の塗装にも及んだ。

スピンナーとともに尾翼の方向舵も3色に、加えて自由フランス軍であることを示す「ロレーヌの十字」を描くことも許可したのであった。

そして45年5月、ついにドイツの首都ベルリンが陥落、ヨーロッパにおける戦争は幕を閉じた。

43年3月から終戦まで、約2年にわたった東部戦線におけるフランス飛行隊の最終決算は、次のようなものである。

各種ドイツ機の撃墜273機、被撃墜87機。フランス側の人的損害は伝えられていないが、基地へのドイツ側の爆撃もあったはずなので400名前後であろうか。また延べ1000名近い操縦士のなかで30名がエースとなった。

戦争が終わると半年以内にすべて帰国を果たし、指揮官をはじめ多くの隊員にはドゴールから勲章が授与されている。

また戦後になると、フランス空軍に「ノルマンディ・ニーメン」と名付けられた飛行連隊が新たに創設され、現在に至っているのであった。

06-2. 飛行中のYak-3。尾翼の〝キ〟マークに注目

第07話

空の大怪獣バルカンの実戦参加

史上唯一のデルタ翼爆撃機の軌跡

ジェット機の発達に伴って、主翼が三角形をしたデルタ翼の航空機が誕生する。ただし本稿では、主翼がデルタであっても、別に独立した水平尾翼を持つ機種、たとえばミグMiG21フィッシュベッド戦闘機のようなものには触れず、いわゆる純デルタ翼（ピュア・デルタ・ウイング）に限って話を進めよう。まず、アメリカではコンベアF-102デルタダート、同106デルタダガーがそれにあたる。

しかしなんといってもデルタ翼機の本場はフランスで、主力戦闘機は半世紀にわたって、ほとんどこの形式の主翼を持っている。

中心は有名なミラージュシリーズで、これまでなんと4000機近くが製造され、主に中東の紛争で活躍している。

もっともそれらはみな戦闘機、あるいは攻撃機であるから、それほど大きな航空機ではない。民間機ではすでに引退したコンコルド旅客機が知られているが、デルタ翼の大型軍用機は本当に少ない。

アメリカのコンベアB-58ハスラー、そしてアブロ／ホーカーシドレー・バルカンが共に爆撃機で大型の部類に入る。

次に実戦に登場したデルタ翼爆撃機となると、後者のバルカンのみ。しかも爆撃行の回数はわずかに4回だけである。このような二つの大変珍しい事実から、大西洋の南の果てで行われた紛争におけるバルカンの軌跡を追ってみる。

本機は1956年8月に初飛行に成功した4発の大型デルタ翼爆撃機である。重量は82トンに達し、とくに驚くのは翼面積で、360平方メートルもある。つまり重量が3倍のボーイングB-52にほぼ等しい。

最高速度は1000キロ、爆弾搭載量は最大12トン。

このようなデータよりもバルカンの特徴は、なんといっても巨大なデルタ翼で、その飛行ぶりを見ていると、東宝映画の〝空の大怪獣ラドン〟というほかはない。

当時イギリスは、経済的に不況を迎えていたにもかかわらず、3Ｖ爆撃機といわれた

- HS バルカン
- ハンドレページ HS ビクター
- ビッカース・バリアント

の開発、配備を行った。しかしそれらの量産と維持に莫大な金額が必要で、国力を大幅に衰退させるのである。

さて不況がようやく収まり始めたころ、遠く南極に近い地域で、アルゼンチンとの間でフォークランド／マルビナス紛争が勃発する。

まずア側は1万名の兵力で島を占領、これに対してイ側は軽空母2隻を中心とした機動部隊を派遣。海空戦に加えて陸上戦闘も続いた。

アブロ・バルカンの飛行コース

07-2. まさに空の大怪獣〝ラドン〟のイメージである

このいくつかの小さな島々を巡る局地戦闘は、1982年3月から3カ月続き、イギリス側の勝利に終わる。わずかに牧羊が産業の貧しい島を奪い合い、イギリス軍人256名、アルゼンチン兵645名が戦死している。

さてバルカンは上陸した海兵隊を支援して、アフリカ大陸西方のアセンション島から出撃、フォークランドの敵飛行場の爆撃を目指す。

ところがアセンション島から目的地まで直線距離で6100キロも離れており、天候の状況などを考慮すると、往復で1万4000キロも飛行しなければならない。

バルカンの航続距離は5000キロ前後なので、空中給油は必須である。このため1機1回の爆撃行に、なんと4機のビクター大型給油機が必要とされた。

予備機を含め2機のバルカンの作戦に、ビクター7機が動員されたのである。

それでも「ブラックバック」というコードネームをもった作戦は、4月30日から実施された。その結果は次のようになる。

●4月30日　給油機との会合に失敗。爆撃は実行できず

●5月1日　爆撃成功。250キロ爆弾21発を投下。命中は5発のみ

●5月4日　爆撃実施。ただし悪天候で爆撃の成果不明

●5月28日　爆撃実施。成果不明

そしてこのあと予想外の出来事が起こる。

爆撃終了後、島から1000キロ離れた空域でタンカーとランデブー。空中給油を実施するが、悪天候で機体が大きく揺れ、給油プローブが破損してしまう。これでは遠く離れたアセンションまで帰還することは、とうてい不可能である。

仕方なしにこのバルカンは、1500キロほど離れたブラジルに向かい、首都のリオデジャネイロ国際空港に着陸した。

同機の燃料は底を尽きつつあり、着陸時にはわずか500リットルを残すだけであった。

ブラジルは同機と乗員を抑留し、紛争が終結したあと、返還に応じている。

それにしてもデルタ翼爆撃機唯一の実戦参加の結果は、どうみても成功と

はほど遠いとしか言いようがない。一応の戦果らしきものは、5月1日の爆撃によってアルゼンチン側の小型機数機が損傷を受けただけである。

たしかにバルカンの損失はなかったが、4回の爆撃行に要した費用は莫大なものであった。

どう考えても、イギリス本土からアセンション島までは6800キロ、またさらに戦場までは6100キロと、あまりに遠い。

この事実があらかじめ判っていながら、なぜブラックバック作戦は実行されたのであろうか。

あくまでも私見であるが、そこにはある種の、表現は難しいが〝空軍への気配り〟が存在したと思われる。

この紛争のさい、イギリスの海軍、海兵隊、陸軍が遠くの戦場で奮闘しているのに、空軍は十数機のハリアー戦闘機を派遣したのみで、なんの寄与もしていない。とくに大型爆撃隊は日頃から、もっとも〝金喰い虫〟の存在でありながら、このままでは無用の長物に近かった。

この状況下で、空軍首脳は国防省にむりやり働きかけ、バルカンの出動を承認させたのではあるまいか。

紛争が終結すると、それを待っていたかのようにイギリス空軍から大型爆撃機は徐々に姿を消していき、ビクター給油機のみが残ることになる。

07-3. バルカンを支援したビクター空中給油機

第08話

同じ機種同士の空中戦

ラップランド、サッカー、そして中越戦争

第一次世界大戦の頃から数えると、航空戦の歴史は100年を超えている。

その中で、同じ種類の軍用機、とくに同じ戦闘機が敵味方に分かれて空中戦を演じた事例は存在したのだろうか。

もちろんその場合には、かなり正確な記録が残っていなければならない。

このような前提のもとに三つの戦争の空中戦と、それに参加した戦闘機を取り上げる。

1. ラップランド戦争

第二次大戦直前から戦中にかけて北欧のフィンランドは、隣の大国ソ連と戦い続ける。まず冬戦争、続いて継続戦争である。しかしドイツの敗色が濃厚になると、連合国の勧めに従って仇敵のソ連と休戦する。その条件として、それまで共に戦ってきたドイツに、今度は逆な立場で宣戦布告せざるを得なくなってしまった。

1944年9月から翌年4月にドイツ軍がこの地から撤退するまで新たな戦いは続き、これはラップランド戦争と呼ばれている。

秋の終わり、フィンランド湾上空で、

フィンランド空軍とドイツ空軍の空中戦が勃発した。機種はどちらもメッサーシュミットBf109であった。フィ軍にはそれまで約150機のBf109が供与されていたので、このような状況に至ったのである。

ただその結果は互いに戦果、損害とも皆無、あるいは極めて少なかったものと思われる。

空戦にかぎらずこの戦争でのフィ軍は、ドイツ軍と共に長く同じ側でソ連軍と死闘を繰り広げていたため、突然、昨日まで友軍だった組織と戦えといわれたところで、全く闘志が湧かなかったに違いない。

しかも長年理不尽な干渉を受けてきたことから、フィンランド人のほとんどはソ連に嫌悪感を抱いていたので、これは当然といえば当然と言えるのである。

2. サッカー戦争

南米のエルサルバドルとホンジュラスは、1969年7月14日から約100時間、国境付近で戦った。直接の原因は、サッカーの国際大会の予選を巡るトラブルとされている。これに国境線の問題、ならびに農作物の価格競争が重なり、戦争となった。国際的にはサッカー戦争と呼ばれる。

エ軍は総兵力1.2万名、空軍3000名。ホ軍はそれぞれ2500名、1200名で、軍用機は両軍共に10機前後の戦闘機を持っていた。

機種としては前者がボートF4Uコルセア、ノースアメリカンP-51マスタング、後者がF4Uである。いずれもアメリカから余剰品を安く購入したものである。このコルセアの半数はグッドイヤー製の高性能型FG-1となっていた。戦争勃発の2日目、両軍の戦闘機が爆弾を抱いて出撃し、国境で戦う互いの陸軍を支援した。このさい参加機数は少ないものの激しい空中戦が発生し、ホ軍のF・Sエンリスケ大尉がコルセアを駆ってエ軍のコルセア2機、マスタング1機を1日のうちに撃墜した。

しかもホンジュラス側の損害はなく、一方的な勝利だった。なお地上戦ではあわせて2000人の死傷者が出ているが、そのほとんどは戦闘に巻き込まれたホンジュラスの農民であった。

この戦争について国連はすぐに介入、それにより短時間で休戦となった。

エンリスケ大尉は戦後、国民から英雄として称えられ、その後空軍のトップまで上り詰める。

さらにホンジュラスの首都テグシガ

08-2. サッカー戦争ではどちらの側もコルセアを5機ずつ保有していた

ルバの博物館には、撃墜したコルセアの残骸が展示されているから、撃墜数はともかく空戦の勝利は事実であったと思われる。

なお、この戦争におけるレシプロ戦闘機同士の空中戦は、1969年ということもあって、間違いなく航空史上最後のものとなった。

3. 中越戦争

15年近く続いた、第二次大戦後最大の戦争であるベトナム戦争が終わって5年もたたないうちに、それまで堅い絆で結ばれ共にアメリカと戦ってきたベトナムと中国は、わずかひと月ながら激戦を交える。1979年2月17日から3月16日のことである。

カンボジアの支配権をめぐる意見の相違に端を発して、中国がベトナムに〝懲罰戦争〟を仕掛けたのであった。ベトナムの北部国境を三方向から突破し、領内の20キロまで侵攻、町や村を破壊していく。

これに対して兵力的には約半分のベトナム軍は、先の戦争で手に入れたアメリカ製の兵器を大量に使用し、有効な反撃を行った。

この戦争での航空戦は少なかったが、それでも2月末には何回かの空中戦が勃発した。26日には戦場の上空で両軍のミグMiG21が交戦。

互いに2機のドッグファイトとなり、中国側のF-7（中国製のMiG21）1機が撃墜されている。

このF-7の残骸は、長いことハノイ市のベトナム軍事博物館の中庭に展示されていたが、その後は政治的配慮もあって撤去されている。

さらに地上攻撃機A-5（MiG19改造）も置かれていたが、これは空戦で撃墜されたものか、対空火器によるものか不明である。

さて、ひと月続いた中越戦争は、中国軍の撤収で終了する。短期間にもかかわらず中国側の戦死者は6000名に上った。一方ベトナム側の損害は未発表だが、欧米の研究者は両軍ほぼ等しい、としている。

しかし戦況としては間違いなく、中国軍の敗北であった。ベトナム戦争で経験を積んだベトナム側の兵力の中心は、二線級の国境守備隊であったにもかかわらず、動員された中国軍の最強部隊に充分対抗することができた。

中国側の指揮系統の混乱、装甲車両の不足など、同軍の弱点が明らかになった。空軍の活動についても、中国の資料は自軍の研究不足と正直に記している。

しばらく時がたてば中越戦争の航空戦の実態は、より細かい部分まで判明するはずである。

08-3. コルセアに敗れたP-51マスタング

ジェット戦闘機を撃墜したプロペラ機

朝鮮戦争／ベトナム戦争

第二次大戦末期を除くと、ジェット機が戦場に本格的に登場したのは1950～1953年の朝鮮戦争以後である。この時には共産側がミグMiG-15戦闘機を、そしてアメリカがノースアメリカンF-86セイバーを送り出し、それらの華々しい空中戦が世界の関心を集めた。

もっともその裏では、大戦中のレシプロエンジン付きのプロペラ戦闘機が、まだまだ現役で役割を果たしている。

それらは、

- ●ノースアメリカンF-51マスタング
- ●ボートF4Uコルセア
- ●ホーカー・シーファイア
- ●ラボーチキンLa-9／11
- ●ヤコブレフYak-3／9

などであった。これらはいずれも第二次大戦屈指の優秀な戦闘機であるが、いうまでもなく性能的にジェット戦闘機にはとうてい太刀打ちできない。

最大速度で300キロ、上昇力では30%、上昇限度では2000mといった差の

09-1. 北ベトナム空軍のミグMiG-15/17

あるジェット戦闘機は、次元の違う航空機と言ってよかった。

したがって役割の大部分は、空中戦で敵機を駆逐することではなく、ほとんどは対地攻撃であった。この分野では、速度はそれほど重要視されず、レシプロ機でも充分に役立ったのである。もっとも先に掲げた共産側の2機種は、ジェット機の数の不足を補うためか、数回、爆撃機の護衛任務にも出動している。

09-2. オーストラリア海軍のシーフェリーFBMk2

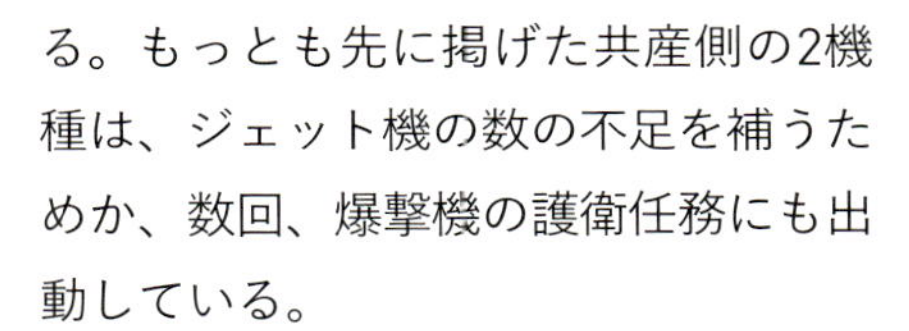

ところで、ごくまれな例ではあるが、性能的な不利を顧みず、プロペラ機で勇敢にもジェット機に空戦を挑み、見事に勝利を飾った航空機とパイロットが存在する。ここではそれらを詳しく追ってみよう。

1. 朝鮮戦争

戦争2年目の8月9日、イギリス海軍の小型空母オーシャンから、1機のホーカー・シーフューリーが発進した。この機種はイギリス海軍の最後のレシプロ戦闘機であった。パイロットはP・カーマイケル中尉で、発艦後30分ほどで低空を飛行するミグを発見。増速して攻撃態勢に入った。

相手もすぐに気づき、格闘戦となる。低い高度のドッグファイトではジェット機の優位は発揮できないと考え、ミグは上昇に移るが、カーマイケルはこの機を逃さず20㎜機関砲で撃墜した。

それからひと月後の9月10日の夕刻、アメリカ海軍のJ・ファルマー大尉は愛機グッドイヤーFG-1（GY製のコルセア）でCAP（空中戦闘哨戒）に出動する。この時、突然ミグの攻撃を受ける。

幸運にも第一撃は命中せず、このあとミグは一直線に逃走を図った。大尉は全速で追跡する。このさいも高度が低かったこともあって、速度に大差はなく、追いすがって撃墜した。使われたのはシーフューリーと同じく20㎜機関砲であった。

またアメリカ空軍で多数投入されたF-51マスタングであるが、このレシプ

09-3. 海兵隊のコルセアF4U戦闘機

ロ機もミグ戦闘機との空中戦を戦っている。この戦いではやはり性能上の違いが顕著に表れて、6機のマスタングが撃墜され、逆に戦果は皆無であった。

2. ベトナム戦争

この戦争の航空戦では、単発ながら大型のレシプロ攻撃機が対地攻撃、戦闘救難任務に見事な活躍ぶりを発揮している。これが2800馬力の空冷エンジンを装備したダグラスAD／A-1スカイレイダーで、総重量は8トンを超える。

それにもかかわらず本機の運動性は軽快で、北ベトナム軍のミグMiG-17戦闘機を相手に善戦した。

1965年6月20日の空戦

北ベトナム上空で、空母ミッドウェイから発進したE・A・グレート少佐率いる4機のA-1スカイレイダーが、2機のミグ17と遭遇、空中戦となった。スカイレイダーは2機ずつに分かれ、接近戦を挑む。

ミグの1機は逃走し、残る1機を4機で追い詰め、ついに撃墜した。

実質的に撃墜に成功した2名の大尉は、のちに銀星勲章を授与されている。

1966年10月9日の空戦

同じくA-1がミグ17を撃墜。しかしこの空戦に関しては、資料が公開されておらず詳細が明らかにされていない。

ところで、最高速度が1000キロを軽く超える性能を持つミグが、最高速度600キロ程度のスカイレイダーになぜ撃墜されてしまったのだろうか。

敵を発見したらすぐに全速で逃走し、充分引き離して態勢を立て直してから再度攻撃すれば、勝利は間違いなくミグの側にあると思うのだが。

65年、66年頃だと、北ベトナム空軍では、ソ連、あるいは中国からジェット戦闘機の供与を受けたばかりで、パイロットは練度不足であった。

それにしてもAD／A-1スカイレイダーは、航空史上でもかなり特徴のある航空機と言える。ミグを撃墜したA-1H型は単座だが、なんと複座、3座、4座、そして空中警戒型の5座機まで存在する。同じ機種で、乗員数がこれほど変わるのは珍しい。

またアメリカ、イギリスでは、ジェット機を撃墜したレシプロ機とそのパイロットに対しては、その技量と勇気に大きな敬意を払っている。

そのため現在、フライアブルなシーフューリー、コルセア、スカイレイダーに関しては、撃墜を成し遂げた機体の塗装を完全に世襲している。

たとえば写真にある尾翼に蜂のマークを描いたA-1は、ミッドウェイから発進しミグを撃墜したスカイレイダーの塗装そのままなのである。

カリフォルニアのエアショーでは、本機が北ベトナム空軍の塗装をしたミグ17と模擬空戦を実施することもあり、この状況を自分の目で見るマニアを熱狂させるのであった。

09-4. ベトナム戦争でMiGを撃墜したA-1スカイレイダー

第10話

フライングタイガース 飛虎小隊の真実

冒険か、それとも賞金稼ぎか

世の中にはノルマンディ・ニーメン（ソ連派遣の自由フランス軍の飛行連隊）のパイロットのごとく、自国を占領した敵国へ少しでも打撃を与えるため、遠隔地の戦闘に自らの命を賭して馳せ参じる男たちもいる。

彼らは遠いロシアの地でドイツ軍と戦い、400名近い軍人がその地の土となった。

その一方で、快適な母国での生活を捨て、人種も言葉も生活習慣も全く異なる戦場に、自ら望んでやってきた者

もいる。

太平洋戦争の勃発以前、中国大陸では大日本帝国の軍隊と、中国人からなる二つの軍隊が、ときに三つ巴になって戦っていた。右派国民政府軍（国府軍）と八路軍（のち中国共産党軍）がそれである。

しかし、当時、八路軍はまったく航空機を持っておらず、航空戦に限っては日本軍と国府軍の戦いであった。

10-1. シャークマウスと青天白日マークを描いたP-40

日本軍の航空攻撃に悩まされていた国府軍の蒋介石（しょうかいせき）総統は、これに対抗するためアメリカに航空部隊を編成して中国大陸で活動してくれるよう要請する。

陸軍のC・L・シェンノートは秘密裏にアメリカ政府から依頼され、合衆国義勇飛行隊AVG（アメリカン・ボランティア・グループ）の設立に向けて動き出す。

大陸で勢力範囲を広げつつある日本を快く思っていなかったアメリカは、カーチスP-40ウォーホーク戦闘機の供与も決定した。

そして41年の初めにはパイロット100名、整備員220名、P-40数十機がビルマ／ミャンマー経由で中国に送られ、行動を開始した。

このAVGには、フライングタイガース（中国名「飛虎小隊」）という名称が与えられる。戦力から言えば小隊どころか飛行連隊に相当する組織であった。

送られたP-40の総数は、延べ150機前後と思われる。

さて、義勇飛行隊とはいえ、集まってきたパイロットたちの思いはいろいろであった。日本軍の侵略に対し正義感を募らせた者、空中戦のスリルを味わおうとする冒険者、さらには非常に高額な報酬に魅かれたパイロットなど、多種多彩。おおまかにいえばそれぞれ

1/3ずつといったところであろうか。
それにしても蔣介石は、アメリカ人たちに驚くほどの給与を支払っていた。出撃してもしなくても月給は600ドル、日本機1機の撃墜の報償はなんと500ドルである。現在の価値ではその20倍くらいであろうか。
1941年の秋、飛虎小隊は、ビルマと中国の国境付近で日本の陸軍機を襲い、2機の損失で、爆撃機3機、戦闘機2機を撃墜した。
またこの頃から連日のごとく日本側との小競り合いがあり、両軍に戦果と損失が出た。
実際には日本側に被害が多かったと思われる。
この理由は、日本側はつねに爆撃機と戦闘機の編隊であり、戦闘機だけで行動するフライングタイガースが有利だったこと、日本側の戦闘機が旧式な中島97式であったことによる。
しかし回数は少なかったものの、新鋭の三菱零式戦闘機が相手の空戦では、アメリカ／中国側は不利な戦いを強いられた。
それでも「晴天白日」(白い太陽。国府軍の航空標識) のマークと、胴体に翼をもった虎を描いたP-40は、日本陸軍の爆撃機の乗員にとって大きな脅威となった。
またこの頃からP-40の空気取り入れ口に、サメの歯型を書き込んだ機体も登場している。これはパイロットたちに好評で、この塗装は徐々に増えていった。
それにしてもフライングタイガースの存在は、日米、中国も公にできず、秘密裏のうちに戦闘は続いていた。
その状況を変えたのは、1941年12月の太平洋戦争の勃発である。
この年のうちに日本陸軍航空隊は、目障りなAVGの壊滅を図る。戦争となれば、アメリカにも中国側にも遠慮、気遣いはなくなったからである。
同月23日より三菱97式重爆撃機60機、川崎99式双発軽爆撃機27機、97戦30機を動員してタイガースの基地を攻撃した。
この爆撃には少数の零戦も参加したため、AVGは大きな損害を出し、一部の基地は放棄される有様であった。
その後AVGは、アジアから撤退しようとしていたイギリス軍から十数機のP-40を受け取ったが、勢いに乗る日本軍には抵抗できず、ついに1942年3月に中国を離れる。アメリカで正式に解散が決まったのは同年7月であった。
約1年半におけるフライングタイガースの活動の結果は、次のようなものである。
129機の日本機を撃墜、自軍の被撃墜80機(地上での全損を含む?)、パイロットの戦死45名。

日本側の記録は戦果のみ記されていて、撃墜115機である。もっともこれらの数字は資料によってかなり異なっているから、一応の目安と見るべきだろう。

それにしてもAVGの隊員の中に、報酬、賞金目当てに参加したパイロットがいたことに驚きを隠せない。なにしろ解散までに3万ドル（現在なら6000万円？）稼いだ者もいたとのことである。

アメリカの航空AVGは、第一次世界大戦のときにも編成され、「ラファイエット中隊」としてフランス側に立ち活躍した。

このさい名称は「中隊」でも実際には100機以上を擁しており、これは飛行連隊に相当する。

ただ、このときの目的はあくまでも、ドイツ軍の猛攻により崩れかかっているフランスへの支援であり、報酬、賞金目当てではなかった。

半面、タイガースのパイロットのごとく、例え賞金稼ぎであっても、祖国を遠く離れた戦場で戦闘機を操り、命がけで戦うのであれば、これはこれで男の人生として認められるような気がする。

永い歴史のなかでも、日本にはこのようなパイロットは一人として存在しなかったからである。

10-2. 翼を持つ「飛虎」のマーク

アフガニスタン戦争における攻撃ヘリvs携行ミサイル

岩山、ハインド、スティンガー

　イスラム教徒と岩山の国アフガニスタン（アフガンとも）。この地に――たぶん善意から――共産主義を持ち込もうとした旧ソ連は、原住民から思いもよらぬ反発を受ける。かつて大英帝国も、二度にわたってこの国を支配下に

11-1. きわめて軽量、小型のSAM〝スティンガー〟

収めようとして散々に煮え湯を飲まされ、結局撤収している。

この歴史を知らなかったわけではあるまいが、ソ連のアフガニスタンへの侵攻は、ちょうど10年の軋轢(あつれき)ののち挫折するのであった。

ソ連は、あらゆる面で立ち遅れているこの国の近代化を目的に、まず政府を後押しし、1979年から最大10万名の兵員を送り込んで目的遂行に取り組んだ。

もっとも推進したかったことは、女性の地位向上、さらに、近代教育の普及である。

しかしイスラムの原理主義に固執する人々はこれに反発し、イスラムゲリラとなって、ソ連と手を結んだ政府と、駐留するソ連軍を敵とみなすのであった。

ゲリラの武器は旧式の小銃程度であったが、まもなく政府軍内部の内通者を通じて、近代的な兵器を入手する。

有力な輸送手段を持たないので、人力、馬車で運べるものが大部分であった。それらは時間と共に増していった。

最初のうち、ソ連軍はこの戦いは数カ月で終了すると考えていた。自分たちは最新式の兵器を豊富に持ち、本国からの支援もある。

なにしろゲリラは1機の航空機さえ、持ってはいないのだから、誰が考えてもこれは当然であった。

しかし戦いが始まってみると、すぐにそれが幻想であることが判明した。

見渡す限り続く岩山がゲリラの格好の隠れ家になり、空爆しても天然の防空壕の役割を果たす。ベトナム戦争では、濃密な密林が同様な状況を作り出していた事実を、ここでようやくソ連の指揮官たちは思い出した。

このような戦いで役に立つ兵器としては、戦場の上空でとどまり、至近距離で敵兵を見つけることができるヘリコプターであった。

なかでもミルMi-24ハインド（雄鹿の意）は、強力な攻撃力と充分な装甲をもつ理想的な航空機であった。ゲリラの持つ小口径の火器は問題にならず、わずかな空き地があれば数名の兵士を下ろすこともできる。

1980年代の前半、完全な制圧は無理としても、ハインドのおかげで多数のゲリラ部隊を壊滅させることができたのである。

一方、この事態を苦い顔で眺めていたのがアメリカである。同国は、ベトナム戦争時におけるソ連と同じように、侵攻軍とゲリラの勢力が拮抗し、戦争が長引いてくれることを望んでいた。

アフガンにおける戦争が長引けば長引くほど、対立しているソ連は国力を擦り減らしていくのである。

非情なようだが、対立する国が苦境に陥ることが自国の利益に繋がる。平和国家を自認する日本の政治家では思

11-2. アフガニスタンの空を征くMi-24ハインド

いつかない、これが大国の論理なのである。

ゲリラの受ける打撃が大きくなり、ソ連の介入が順調に進行し始めた事実を知ると、アメリカはその状況を変えるべく秘密裏に動き出す。

FIM-92という制式名を持つ携行型対空ミサイル、スティンガー（昆虫の毒針の意）を、パキスタンを通じて、イスラムゲリラへと流すのであった。

それまでも歩兵携行型ミサイルは、ソ連製のグレイル、イギリス製のブローパイプ、アメリカ製のレッドアイなどが細々と武器商人の手によって運び込まれていた。しかしその数は極めて少なく、信頼性も命中率も良好とは言えなかった。

これに対して今回のスティンガーは、アメリカ政府からの支給品である。歩兵が肩に担いだ発射筒から撃ち出されるこの簡易対空ミサイルは、射程が3キロ、重量16キロと小型ながら航空機の出す熱線を感知して自動的に追尾する。命中すればほとんどの航空機は生き残れない。

これがある程度行きわたると、ソ連軍のヘリコプター、地上攻撃機スホーイSu-25フロッグフットなどにとって恐ろしい脅威となる。

低空を低速で飛び、ゲリラを見つけ出してすぐに攻撃を行うという、対ゲリラ戦術（COIN）が使えなくなってしまったのである。

またソ連側は、スティンガーがこの戦場に持ち込まれたことに最初のうちは気が付かなかったこともあって、その損害は甚大だった。

その証拠は次の数字に如実に表れている。介入した79年（実質的には80年初頭から）から85年までの間、撃墜されたソ連機の数は1年あたり80機程度であった。

それが86年には206機、87年には226機と倍増する。これこそスティンガーの効果を示している。

驚いたソ連は88年にヘリコプターを含む航空機の対地攻撃を大幅に縮小し、被撃墜数を減らしている。そのかわり短距離の弾道弾まで使用し、ゲリラの拠点に打ち込んだが、目視で確認しているわけではないので、効果はわずかなものであった。

ある研究者は、スティンガーの導入が1年早く行われていれば、戦争は1年早く終わり、また1年遅れれば、終結は1年遅くなったであろうと述べている。

また同時に、ベトナムにおけるアメリカと同じように、ソ連はいくら戦費、兵員、兵器を増強してもゲリラを根絶できないと悟り、翌年には辺境の国から撤退するのであった。

これは89年2月のことで、侵攻からすでに10年が経過していた。この戦争のソ連軍の戦死者は約1.5万名となっている。

このあとしばらくすると、アフガニスタンの戦争の後遺症、経済、治安の悪化などの理由からソ連邦は消滅し、この赤い大国はロシアに生まれ変わる。さらにその支配下にあった多くの国家が独立を目指す。

まさに歴史が大変革を遂げたことになるが、その最大の原因がアフガン戦争であったとすると、その下に派遣軍の敗北があり、そのまた下にスティンガーの存在が挙げられるとするとの見方はうがちすぎであろうか。

このようなことから、1発あたりわずか4万ドルといわれた安価なミサイルが、歴史を大きく変えたとも言えるのであった。

11-3. もう一つの犠牲者
Su-25フロッグフット

第12話

超旧式機のパンチ力

複葉艦上攻撃機ソードフィッシュ三つの戦い

　先の大戦においてもっとも活躍した旧式機は何なのだろう。この問いに対する答えは難しい。問いかけ自体が曖昧で、なにをもってもっとも活躍したとか、旧式機とはといった定義が不明確なのである。

　にもかかわらず、答えははっきりしている。

　イギリス海軍の艦上攻撃機フェアリー・ソードフィッシュ（カジキ鮪）こそ、この問いの正解といってよい。

　それではまず本機の紹介から始めたいが、それには写真を見てほしい。どう見ても、第二次世界大戦に登場する航空機とは思えないほど旧式であることがすぐにわかろう。

　複葉、固定脚、開放式のコクピット、上下の翼を支持する多数の張線、そして鋼管に布張りの胴体。

　同じ時代、同じ任務を持つ日本海軍の中島97式艦上攻撃機と比べると、少なくも10年くらいは古い設計であることがわかる。

　エンジン出力は690馬力、最高速度は224キロである。これに対して97艦攻は770馬力、350キロ。両者には大きな差がある。

大戦中、第一線で使われたすべての軍用機の中で、224キロとはもっとも低速なのではあるまいか。

また当時にあってアメリカ海軍の艦攻も、その主力はやはり旧式に属するダグラスTBDデバステーターであった。それでも900馬力、332キロで、ソードフィッシュよりも100キロ以上高速である。

どう考えても特筆すべき旧式機なのだが、それでも本機は航空戦史に残るほど健闘し、見事な戦果を挙げている。

1. イタリア海軍のタラント軍港奇襲

1940年11月11日から12日にかけて、2隻の空母から発進した21機のソードフィッシュが、イタリア海軍の主要基地タラントを攻撃した。その第一波は12機からなり、照明弾のもと雷撃と爆撃を行う。間もなく第二波の9機がこれに続いた。

夜間の奇襲にもかかわらず、戦果は素晴らしく、イタリア戦艦3隻が大きな損傷を受けて、半年以上にわたり行動不能となる。港内のことで3隻すべてが着底ですみ沈没は免れたが、しばらくの間、地中海から戦艦の脅威は消滅したのである。

このさいイタリア軍は対空砲火で反撃したが、撃墜されたソードフィッシュは2機のみであった。

このタラント奇襲は、のちに日本海軍の真珠湾攻撃のモデルとなった、とも言われている。

それにしても空母艦載機による夜間の攻撃など、太平洋の戦いでも日米を通じて行われたことはなく、それを立案、実行し、かつ見事に成功させたイギリス海軍の能力は最高の賞賛に値(あたい)すると思う。

2. 戦艦ビスマルク追撃戦

1941年5月、ドイツ海軍は当時にあって世界最大、最強の戦艦ビスマルク（5万400トン）を、通商破壊の目的から大西洋に出撃させる。それを察知したイギリス海軍は戦艦プリンス・オブ・ウェールズ（POW）と巡洋戦艦フッドを送り、この海の巨獣を仕留めようと考えた。しかし1対2の砲撃戦が開始されて間もなく、ビスマルクは恐ろしいほどの腕の冴えを見せ、フッドは短時間に撃沈され、POWも中破し、退却となった。このままではイギリス海軍の名声は、地に堕ちようとしていた。

この状況を知った空母アークロイヤルは、合わせて24機からなるソードフィッシュ編隊を攻撃に向かわせた。

時化(しけ)る海面にもかかわらず雷撃は実行され、3本の魚雷がビスマルクに命中した。

イギリス側にとって幸運なことにそのうちの1本が舵を破壊し、巨大なドイツ戦艦は行動の自由を失った。この攻撃でイギリス機の損害はなかった。

その後、新たなイギリスの大艦隊が戦場に到着し、ついにビスマルクを海底深く葬り去るのである。

もしソードフィッシュの魚雷が無ければ、同艦はイギリス艦隊を振り切り、母港に帰投したことに間違いはない。

このように超旧式ながらこのイギリスの複葉艦上攻撃機は、戦史に残る重要な戦いで、与えられた任務を見事に果たすのである。

たびたび述べているように、時速250キロにも及ばないほどの低性能の航空機が、なぜこれほどの戦歴を見せたのであろうか。

まず無類の操縦性と信頼性が挙げられる。ともかく着陸速度が70キロ程度なので、空母に着艦するさいの相対速度はわずか50キロという低速である。パイロットの一人は、自動車の運転ができればこの飛行機を操縦できる、といったほど容易だった。このためタラント奇襲、ビスマルク追撃戦で、ともに帰投時の空母への着艦が夜になってしまったが、１機の事故もなかった。

また1933年の初飛行から8年を経ていたが、故障、不具合は完璧に修復され、イギリス軍用機のなかで、もっとも信頼性の高い航空機となっていた。

さらにイギリス海軍が、本機の性能を熟知しており、低性能ながら特性を活かした運用に終始したことも挙げられよう。

加えて特筆すべきは、幸運である。ドイツ海軍、そしてイタリア海軍は航空母艦を最後まで運用できず、さらに空軍の横やりによって戦闘用航空機を保有できないままであった。

したがっていずれの作戦行動においてもドイツ、イタリア戦闘機の妨害はなく、ソードフィッシュは対空砲火のみに気を配ればよかったのである。

しかし一つ運用を誤れば、旧式、低性能は致命的な打撃をもたらした。これは次の戦いのさい、明確に示された。

1942年2月、フランス基地にあったドイツの巡洋戦艦グナイゼナウとシャルンホルストが、白昼に英仏海峡を突破してドイツ本国の母港を目指した。これが有名なチャネルダッシュである。

海峡の幅はわずか40キロ。つまり英本土から敵の軍艦が肉眼で見えるのである。イギリス海軍はもちろん、空軍も直ちに阻止行動を実施する。このさい6機のソードフィッシュが、魚雷を抱いて2隻に肉薄した。

しかしそこにはこれまでとは異なる悲劇が待ち構えていた。

戦艦の上空にはこれまでの戦いとは違って、メッサーシュミット戦闘機多数がエスコートしていたのである。

ソードフィッシュ隊は魚雷を投下する前に戦闘機に捕捉され、全機が撃墜された。

この時の乗員は、すべてタラント、ビスマルク戦と同じであった。

二度の栄光と最後の悲劇！　この言葉がもっとも活躍した超旧式機ソードフィッシュのすべてを物語っているのであった。

なお本機はイギリスに2機、カナダに1機がフライアブルな状態で残されており、我々はいまでもその勇姿を見ることができる。

12-2. ソードフィッシュの主翼はこのように折りたたまれる

第
13
話

可変翼軍用機対決

F-14トムキャット vs Su-22フィッター

戦闘用軍用機が進歩するにつれ、推進機関はレシプロからジェットに変わった。またもう一つ、レシプロ時代には存在しなかった新しいシステムが採用されるようになる。

これが可変翼（英語を直訳すれば可変幾何学的図形の主翼。Variable Geometry wingの頭文字からVG翼と呼ばれる）である。高速のジェット戦闘機、攻撃機、爆撃機の主翼の角度を、使用する場面によって変化させようとするものである。

離着陸では翼を大きく広げて揚力を増加させ、高速時には後方に動かし、抵抗をできるだけ減少させることが目的である。

このVG翼軍用機は大流行した。

最初に実用化されたのはジェネラル・ダイナミックスF-111戦闘／攻撃機で、総重量は40トンにも達する大型機である。本機にはいろいろな新機軸が採用されており、アメリカ軍の期待は大きかった。しかしベトナム戦争に投入されると故障が続出。損害も多く、

◀ 13-1. トムキャットの高速パス。主翼にベーパーが発生している

量産は150機で終了している。ただし最終的には電子専用機として10年近く使われた。また信頼性も回復し、オーストラリア空軍の主力機にもなっている。これに加えて

●アメリカ　B1爆撃機、F-14戦闘機
●イギリス　トーネード攻撃機
●ロシア　Tu-22爆撃機、Su-22戦闘攻撃機、MiG-23戦闘機

など次々に登場している。

なかでもよく知られているのは、北朝鮮問題で新聞紙上をにぎわすB1ランサーと、先年まで厚木基地に駐留していたノースロップ・グラマンF-14トムキャットであろう。後者は映画『トップガン』で一世を風靡し、世界の若者を魅了した。現在でも、好きな飛行機は、というアンケートで常に上位を占めている。

本機は、離着陸の場合には主翼の位置を前方に移動させる。この時、角度は20度となり全幅は19.5mまで広がる。一方、高速時、戦闘時にはいっぱいに75度まで下がり、10.1mと半分にまで狭くなる。

ここに掲げた2枚の写真をみれば、可変翼の動きがよくわかる。

また総重量が30トンもある大型戦闘機だが、空母への着艦についてはVG翼が効果的で、事故率は極めて低かった。

ソ連／ロシアもまたアメリカを上回る〝可変翼空軍〟ということができる。

戦闘機、攻撃機ではミグ系2種、スホーイ系2種4型式、爆撃機ではツポレフTu-22バックファイアー、Tu-160ブラックジャックなど、1980〜90年代の主力機の多くがVG翼をもっていた。

さて1981年8月18日に、世界で初めて可変翼航空機同士の空中戦が勃発した。場所は地中海南岸のシドラ湾で、リビア空軍機とアメリカ海軍機の交戦である。当時、リビアのカダフィ首相は徹底的な反米政策をとっており、欧米の民間航空機に対するテロを指示した疑いも持たれていた。

そのこともありアメリカは空母部隊をシドラ湾に派遣しており、衝突の恐れは日頃から懸念されていたのである。

戦闘はリビア側のロシア製スホーイSu-22フィッター、アメリカはトムキャットで、機数は2機ずつであった。フィッターは、主翼の外側だけが動く構造で、その角度は30〜60度となっている。またSu-7、17、20、27と進化し

13-2. 空母のフライトデッキから発進するF-14トムキャット

てきた同機の最終型であった。

F-14は空母ニミッツから発進し、ノースロップ・グラマンE-2ホークアイが支援していたと言われている。

空戦はまずロシア機が空対空ミサイル「アトール」を発射、これを確認したアメリカ機が同じくサイドワインダーを使用しすぐに反撃、フィッターは短時間のうちに2機とも撃墜された。

次の衝突はMiG-23フロッガーとF-14で、このさいも2機ずつであった。

この時はフロッガー1機が撃墜され、アメリカ側には損害はなかった。

なおMiG-23、27は、少々旧式化していたフィッターとは異なり、MiG21の後継機となる高性能機である。その生産数は5000機前後と、アメリカのF-4ファントムに匹敵する。

しかし可変翼戦闘機同士の空中戦は、二度ともトムキャットの勝利に終わっている。

この理由は、まずリビア機が装備を簡略化した輸出タイプであったこと、トップガン（戦闘機パイロットのトップを養成するアメリカ海軍戦闘機兵器学校）で鍛えたアメリカ側との操縦技術の差、後方支援体制の違いなどが挙げられる。このすべてが重なりあっては、リビア機の敗北は当然と言えたのである。

またソ連／ロシアは、アラブ、アジアの国々に大量の戦闘機、攻撃機を供与あるいは販売しているが、それらは先に記したごとく、輸出専用の簡易型である場合が多い。基本性能は変わらないものの、搭載されている電子機器は本国仕様と異なっている。この事実はかなりマイナスとなっているように思える。

たぶんこの差は圧倒的で、アメリカ機は易々と勝利を得たに違いない。

さて可変翼機は、離着陸時に大きな利点がある反面、構造が複雑、重量が増え、価格が高価といったマイナスの部分が見られる。

この状況もあって最新式の戦闘機には採用されていない。

そうであれば、将来は消えていく技術なのかもしれない。F-14もすでに退役し、アメリカ軍に残っている可変翼機にB-1ランサーだけになりそうな気配である。さらに西ヨーロッパの空軍（イギリス、ドイツ、イタリアなど）からトーネードが消えれば、ロシアを除いてVG機を見ることはできなくなるように思われる。

13-3. 機首から突き出したセンサーが特徴のスホーイSu-17/20/22

第14話

日本軍用機 最大の弱点

エンジン始動の問題

「敵機　来襲！」「緊急発進　急げ！」

太平洋戦争中、南方や本土の航空基地で、毎日のように繰り返された叫び声。続いてパイロットたちは待機所から、列線に並べられた迎撃戦闘機に向かって走る。同時に「回せ、回せ」と整備員に怒鳴る。

一刻を争う状態で、すぐに離陸しなければ、敵機の攻撃が開始される。

この状況を少し冷静に眺めてみよう。「回せ、回せ」とはなにを回せと言っているのだろうか。

これは当然、エンジンを始動させ、プロペラを回せ、という意味である。ここまではすぐにわかるのだが、これから先が問題である。

現在の乗用車のエンジンは、平均的に排気量2000cc（2ℓ）、出力150馬力程度である。

しかし陸軍の一式戦隼戦闘機（エンジンはハ25）、零戦（栄）の発動機は出力1000馬力（乗用車の6.6倍）、排気量28ℓ（14倍）であった。

したがってこのようなエンジンを始動させるのは、今では考えられないくらい面倒な作業なのである。

現在と異なり大戦の前半まで、どの先進国でも始動用の強力なセルモーター、軽量で高性能なバッテリーを開発できずにいた。繰り返すが、英米独といった国々でも、状況は似たようなものであった。

それではどのような方法で、軍用機の発動機を始動させていたのか。

●日本陸軍の場合

始動車、または起動車と呼ばれ、トラック改造の車両を使用した。エンジンのシャフトからミッションとベルトで動力を取り出し、これによって長い棒を回転させる。この棒の先に人差し指を曲げた形のフックが付いている。一方、飛行機のプロペラスピンナーの先にはこの受け口があり、これが噛みあってエンジンがスタートする。

トラックのエンジンの動力が、そのまま回転力となるので、始動は確実である。

ところがこれには非常に大きな欠点がある。1機のエンジンを始動させるのに、1台の車両が必要なのである。また別の機を始動させるための車両の移動を考えると、少なくとも4、5分かかってしまう。つまり1個中隊9機を発進させようとすると、30分以上かかることになる。

このため戦闘機部隊には1機あたり1台、爆撃機部隊には2機に1台といった具合に、多数の始動用トラックが用意されていた。

さらに日本軍には、トラックを積むことのできる航空機が存在しない。したがって戦闘機、爆撃機が南方に進出するときには、あらかじめこの車両を船舶で輸送しておかなくてはならなかった。

●日本海軍の場合

数年前に零戦が我が国に帰ってきたとき、その始動方法も公開された。これは慣性始動というもので、エンジン内部に取り付けられた金属製の円盤を手動で回すところから始まる。ともかく重いフライホイールのクランク棒を2人掛りで力任せにまわす。汗だくに

14-2. エンジンのいちばん下にコフマン・シリンダーが入る

14-3. [上]零戦と同じ始動方式のエレファント自走砲
[下]先端のフックが始動車のシャフトにつながり、エンジンがスタートする

なりながら5分くらい奮闘し、ホイールの回転が充分上昇した時点で、エンジンのクラッチと接合する。これで始動するが、うまくいかなければ最初からやり直しとなる。

海軍が始動車を使わなかった理由は、いうまでもなく航空母艦の飛行甲板での発進を考えていたからである。なお技術的には大幅に進んでいたと思われていたドイツについても、状況はよく似ていて、有名なタイガー戦車なども零戦と同じ慣性始動方式である。しかし陸上攻撃機の始動には、陸軍と同様にトラックを用いる場合もあった。

それにしても陸海軍とも、ほとんど外部には知られていないが、航空用エンジンの始動には苦労している。ともかく緊急の事態でも、出動に時間がかかりすぎるのである。

●アメリカ、イギリスの場合

これまであまり日本では知られていないが、英米では実に巧妙な方法で簡単に始動させていた。

その秘密はコフマン・スターターと呼ばれるものである。これは細めの牛乳瓶ほどの金属シリンダーに、少量のコルダイト火薬を詰めたものを使用する。このコルダイトは粉末ではなく、細い糸状に加工されていて、一般的な爆発よりも多少燃焼が緩やかになっている。このシリンダーをエンジンの所定の位置にセットし、電池で発火させれば、内部のピストンが飛び出してエンジンのクランクシャフトを回転させ、始動に至る。このシステムは1940年頃から実用化され、広く使われている。ただ正式な名称であるコフマン式とは呼ばれず、一般的にはショットガン・スターターという。

ともかく始動に失敗しても、別なシリンダーに交換すればよいわけで、この作業には1分とかからなかった。

このシリンダーは、25本が一組の木箱におさめられ、大量に配備されていた。

アメリカ陸海軍航空部隊の勝利のカギの一つは、間違いなくこの始動方式にあったと言えそうである。

最初は星型空冷エンジン専用であったが、非常に効率よくスタートが可能であったので、1942年頃からはRRマーリンに代表される液冷エンジンにも使われるようになる。

さらにはM4シャーマン戦車、M3ホワイト装甲車などは言うに及ばず、発電機、土木機械に加えて、哨戒艇、小型上陸用舟艇にまで採用される。それどころか戦後のジェット機の始動にも用いられた。現在でも一部の建設、土木工事で使われているのであった。このように考えるとコフマン・スタートのシリンダーの製造数は、軽く5000万個を超えていたはずである。

航空部隊の規模にもよるが、一つの戦闘単位あたり数十台の始動用トラックを用意しなければならなかった日本陸軍、そして2人掛りの重労働を続けた日本海軍と、このコフマン方式を比較した場合、これが互いの軍隊の戦力の差に直結しているような気がする。したがって航空機、とくに戦闘機のデータだけを用いて性能の優劣を議論しても、あまり意味がないのではあるまいか。

なお現在、エアショーで飛行するウォーバーズ（大戦機）は、すべてエンジンに改造が加えられ、自動車と同様に電気スタータによる始動が可能となっている。

14-4. 中央の筒がコフマン・スターターの差し込み口

第15話

朝鮮戦争の大空戦

共産側の戦爆連合をセイバー戦闘機隊が襲う

多数の爆撃機を戦闘機が護衛して、敵地に侵入し攻撃する。このような混合機種の編隊を、かつては〝戦爆連合〟と呼んでいた。現在ではすでに死語になりつつあり、使う機会もほとんど見られない。

この戦爆連合を、これまた多数のジェット戦闘機が迎撃するような戦闘は、時代の流れと共に存在しなくなったからであろう。

それでは最後となるこの形態の戦いはいつ、どのような形で行われたのであろうか。

それは1951年11月30日、場所は黄海北部の大和島の上空であった。

朝鮮戦争が始まって1年半がたっていたが、勝敗のめどはつかないまま、時間だけが過ぎていく。

この時、大和島には韓国側の要塞、武器貯蔵庫があり、重要な拠点となっていた。さらに38度線付近で戦う国連軍に対する補給基地としても、適当な位置にあった。

言い換えれば共産側にとっては、無視できない存在である。

このため、3年にわたる大規模な戦

◀ 15-1. 中国空軍のレシプロ双発爆撃機ツポレフTu-2

争中に、ただ一度だけ共産空軍はこの地に戦爆連合編隊を送り込む。

ソ連製のツポレフTu-2、イリューシンIl-2、10といった爆撃／攻撃機を使用したごく散発的な行動を除けば、共産側（北朝鮮、それを支援する中国とソ連）の航空機が、国連軍に地上攻撃を行うことは極めて珍しかった。とくに独ソ戦で大活躍したツポレフ双発爆撃機の姿が戦場で確認されたのは、この戦闘だけであった。

朝鮮半島の空は、戦争の全期間を通してアメリカを中心とした国連軍のものだったのである。

さてこの日、先に述べた如く、大編隊が来襲する。

編成はTu-2爆撃機が12機、それを直接護衛するラボーチキンLa-11レシプロ戦闘機が16機、そしてお馴染みのミグMiG-15ジェット戦闘機16機が、この28機を上空から間接掩護する。合計50機近い編隊であった。すべての航空機はソ連からの供与で、国籍は北朝鮮、あるいは中国だが、詳細は不明である。さらにパイロットの国籍もわかっていない。あくまでも推測になるが、国連軍の攻撃により北朝鮮の空軍は壊滅状態であったから、爆撃機、及びLa-11は中国人、ミグはソ連人によって操縦されていた可能性が高い。

なおTu-2は1850馬力の双発で、大戦中の開発だが、その優秀性から1948年まで生産が続けられている。このため西側は「バット」というコードネームまで与えている。本機の特徴は細い胴体と、丸い形の双尾翼である。

またLa-11は、La-5から延々と発展してきた空冷エンジン付きの高性能機である。9型までは大戦中に活躍し、戦後になって最終型の11となった。比較的小型の機体に2000馬力級の発動機を装備し、ソ連空軍最後のプロペラ戦闘機であった。

それはともかく、レーダーによって戦爆連合の接近を知ったアメリカ空軍は、すぐに出動可能なノースアメリカンF-86セイバーを動員。共産側が大和島へ到着する直前に迎撃した。セイバーの機数は31機とされている。

スクランブル（緊急発進）のため、戦

15-2. かなりの数が登場したラボーチキンLa-9/11レシプロ戦闘機

15-3. 爆撃機をエスコートした中国空軍のミグMiG-15/17

場上空では逐次攻撃を開始する。

迎撃する側も、突然、セイバーに攻撃された側も予期しない形での空中戦となった。

最初のうち、共産側は爆撃機とプロペラ戦闘機のみと判断していたアメリカ側は、この戦いは楽に進むと考えていた。

比較的低速のTu-2に攻撃を集中し、短時間に4機を撃墜する。しかしプロペラ機ながら極めて運動性の良いLa-11の反撃はかなり手強く、最終的に3機を撃墜したもののセイバー1機を失っている。これはアメリカのジェット戦闘機が、プロペラ機によって失われた珍しい例と言える。

このような戦闘が続くなか、ようやく眼下の激戦を知ったミグ16機が急降下で介入し、戦いは混乱の形となった。

どうもセイバーは、間接掩護のミグに気がついていなかったのかもしれない。

ミグの救援を受けて、爆撃機は爆弾を投棄、La-11に守られて戦場からの離脱を図る。

それを追跡するセイバーのあとをさらにミグが追う。空戦は極めて低空で行われ、この空域では軽量で運動性に優れたミグが多少有利であった。

それにもかかわらず、ミグ1機がセイバーに撃墜されている。その理由は、このジェット戦闘機の操縦に慣れていない、共産側のパイロットの技量にあったと思われる。

この空戦は数十分にわたり続いたが、共産側のレシプロ機が姿を消すと、まもなく終了した。

最終的には共産側の損失8機、アメリカ軍1機である。この結果はアメリカ側の発表で、これに対して共産側は沈黙を守ったままであったが、のちに出版された書籍では、自軍の損失4機、アメリカ機の撃墜3機となっている。

このどちらが正しいのか、何とも言えないが、次の一つの事実が真実を語っているのでは、と思う。

それは、戦争がこれ以後も長く続いたにもかかわらず、共産側が戦爆連合、あるいは複数の爆撃機を、38度線を越えて南に出撃させることは二度となかったのである。これは、大和島上空の空戦の教訓として強く残ったからであろう。

なおレシプロ戦闘機La-11を操り、セイバーを撃墜したパイロットはその功績を称えられ、勲章を授与されている。これは中国の記録であり、たぶんこの戦闘には、北朝鮮のパイロットは参加していなかった、と考えられる。

戦争が終わって、半世紀以上の時が過ぎている。もし中国がアメリカ、イギリスのようにウォーバーズを復元、飛行可能な状態にレストアし、航空ショーに登場させるような時代がきたら、観衆の前に姿を現すのは、この空戦の塗装を施したLa-11であるに違いない。

15-4. この大空中戦で圧勝したセイバーの編隊

第16話

大活躍も影の薄い戦闘機

〝ダッソー・ミラージュ〟ファミリー

まずジェット戦闘機の製造数から話を進めよう。開発国だけではなく、ノックダウン（部品を輸入して組み立てる方式）もあるので、正確な数字は把握しにくい。しかし概数として多い機体から見ていくと、圧倒的なのはミグMiG15／17で、実に1万4000機に達する。さらに後継機のMiG21も1万機。

またF-4ファントムは5500機、F-16ファイティングファルコンは4500機と言われている。

ヨーロッパに目を移すと、フランスのダッソー・ミラージュのファミリーが4000機近くに上り、他の追従を許していない。

にもかかわらず、のちに述べるように、中東、フォークランド、印パ戦争などでそれなりの活躍ぶりを見せながら、なんとなく影が薄い。

これはミラージュが蜃気楼を意味するから、というのはもちろん冗談だが、この章では名誉回復をかねてフランス戦闘機のエースについて述べてみよう。

完全なデルタ翼のミラージュIIIが初飛行したのは、1956年11月であるが、幾つかの国ではいまだ少数機が現役で

◀ 16-1. オーストラリア空軍のミラージュⅢC。1400機以上製造されている

ある。このⅢ型の総重量は9.7トンであった。その後5型、2000と発展し、重量は17トンまで増えていく。

また尾翼を持った全く異なる形のF1も、どのようなわけからか、ミラージュと呼ばれた。これはデルタ翼の欠点である離着陸性能を、大幅に改善したタイプと言える。

さらに驚くのはミラージュⅣである。これは外観こそⅢ型と似ているが二回りも大きな機体で、重量は2倍の34トン。核攻撃機としての役割を持っていた。

しかしなぜフランスはF1やⅣ型を「ミラージュ」と呼んだのだろう。製造メーカーは同じでも、全く別な航空機なのだが。

原型のⅢから、このミラージュは強い後退翼と細い胴体が特徴で、運動性に関しては同時代のアメリカ、ソ連の戦闘機に劣らなかった。もっともこの胴体が問題で、電子機器や燃料の搭載面でマイナスとなった。

後期に生産された5型、2000型などではこの点は完全に改善されている。

このように細かく分類すると、ミラージュのファミリーは20種に及ぶ。

それでもファミリーはこれだけではなく、Ⅲ型をベースに3カ国が、改造した同機を量産、もしくは配備した。

●イスラエル　ネシェル、クフィール

エンジンをアメリカ製に変更。電子機器を充実させる

●南アフリカ　チータ

詳細不明。電子機器を増設

●アルゼンチン　ダガー

旧式化したⅢ型をペルーから入手、再生のうえ配備

といった具合である。

さて、本機を延べ300機以上購入して大いに活躍させたのがイスラエルである。それだけではなく、前記のようにネシェル、クフィールという形で、量産までしている。これらは改造ではなく、ほとんど新設計ということもできる。

生産数はネシェル、クフィールともそれぞれ50機前後であろうか。イスラエルがこれらの開発、配備に取り組んだのは、一時的にフランスが紛争国への武器輸出を禁止したためと考えられる。

イスラエルは1980年代まで、空軍力としてフランス製の軍用機を揃えていた。それが輸入できないとなると、まさに国家の存続にかかわるのである。

16-2. ミラージュⅢの最終発展型である2000

さて同国のミラージュが目覚ましい活躍ぶりを発揮するのは、1967年の第三次中東戦争（六日間戦争）からで、70機以上が配備され、戦闘機戦力の中核となっていた。

この後、継続的に発生するアラブ諸国との紛争時にも、本機は先頭に立って戦い続ける。

その相手はエジプト、シリアなどで、これらの国々はもっぱらソ連製の軍用機を揃えていた。

とくに戦闘機の大部分はミグMiG-17、19、21であった。

いったん戦争が始まると、イスラエル空軍は圧倒的な強さを見せた。

第1日目の空中戦で、ミラージュは自軍の損失なしにアラブ側の27機を撃墜する。

この状況はわずか6日間の戦争中変わらず、最終的に70機以上を撃墜破、損失は2機のみであった。

さらに継続した紛争の第四次中東戦争でも、空中戦に限れば勝利はイスラエルの側にあった。またイ空軍の航空機の損失は、もっぱら対空砲、対空ミサイルによるものであり、砂漠上空の王者は間違いなくミラージュだったのである。

この第一の理由は、やはり広義の〝工学〟というものに対するアラブとユダヤの知識の差と言えるのではなかろうか。

自国で戦闘機、ミサイルなどを開発、製造している国と、武器、兵器をもっぱら輸入に頼っている国では、数字に表すことができない実力に違いがあるのである。

さらにイスラエルは、戦争勃発の直前に亡命してきた複数のソ連製戦闘機を使って、空中戦の訓練を徹底的に行っていた。

また別な項目でも述べているが、アラブ側が入手したソ連機は、最初から輸出仕様の簡易型が多かった。とくに搭載しているレーダーなどの電子機器は、イスラエル機のそれより大幅に能力が低かったのである。もちろん乗員の練度にも大差があったことに疑いの余地はない。

それでもやはりミラージュの存在感が、アメリカのF-4ファントムなどと比べると希薄であったことは確かである。1965、1968、1972年の北ベトナム上空における空中戦より、中東のそれの規模はずっと大きいのだが。

ミラージュは中東以外に、インド・パキスタン戦争、フォークランド紛争などでもそれなりに運用されている。こちらも局地戦ということで、世界の航空ファンの関心は高いとはいえない。

しかもイスラエルは、1980年代に入ると戦闘機をフランス製からアメリカ製のF-15、F-16に切り替えている。

その意味でミラージュは、実力を知られないままに忘れられていく運命にあるような気がする。

16-3. 水平尾翼を持つミラージュF1

第17話 V-1飛行爆弾 vs スピットファイア

英仏海峡上空の迎撃戦

アメリカ、イギリス、カナダ、自由フランスなどの西側連合軍は、1944年6月初旬、ついに「オーバーロード（大君主）」と呼ぶ大陸反攻作戦を開始する。

これはノルマンディなどのフランスの海岸に100万名といわれる大部隊を上陸させるもので、これまでの空爆だけではなく地上からドイツ軍を壊滅すべく立案されていた。最初の1週間だけで、27万名が1万3000機の航空機の支援を受けてフランスの土を踏んだ。

これに対してドイツ軍は必死に反撃するが、東部戦線でソ連軍と死闘を展開しているとあって、戦力には大差があった。とくに空軍力はすでに大幅に削減されていた。

このため総統ヒトラーは、全く別な方法で反撃に出る。報復兵器第1号（V-1号）と名付けた無人の飛行爆弾による、フランス戦線とロンドンへの攻撃である。

V-1号は正式名をフィーゼラーFi-103といい、小型飛行機の背中にジェットエンジンを装備したものである。このエンジンは簡単な構造のパルスジェットとよばれるもので、きわめて安価に製造することができた。

機体の寸法は長さ8.3m、翼幅5.4m、重量は2.4トンである。地上の発射台から撃ち出されると、800キロの炸薬を積み、高度2000mを時速640キロで飛ぶ。飛行は自動制御、航続距離は約300

17-1. 飛行中のV1号。速度は640km

キロであった。

現代の巡航ミサイルの元祖であり、これを1942年12月の開発開始から、わずか1年半で実戦に投入したドイツの航空技術は、高く評価されるべきである。

もちろん小さな目標に命中させることはできず、半径3キロの円が命中限界であった。しかし都市や物資の集積所であれば、かなりの威力を発揮し、連合軍、とくにイギリスにとって大きな脅威と言えた。

実際、夏から秋にかけてロンドンに100発以上が落下し、1000人近い死傷者が生じている。

このV-1の存在を知り、イギリス空軍はすぐに大規模な阻止行動を実行する。まず製造工場、発射場などへの爆撃を強化。同時に迎撃戦闘機、防空気

17-2. V1の発射カタパルト

球を配備、そして最後の防御スクリーンは大量の高射砲である。

V-1は無人機であるのでこれらを避けることはできないが、天候さえ許せば昼夜を問わず発射される。こうなると戦闘機、高射砲の効果は低下せざるを得なかった。

終戦までにこの飛行爆弾は、8500発も発射された。目標となる場所としてはやはりロンドンである。

また迎撃の手段としてもっとも有効なのは戦闘機で、常時100機以上のスピットファイアが英仏海峡の上空を哨戒し、V-1を見つけ次第、接近して撃墜する。数としてまだ多く残っていたハリケーン戦闘機では速度不足で、この役割はスピットの独壇場であった。

なかでもHF型の主翼をもつタイプが中心となる。スピットファイアには3種類の主翼が用意されていた。

●LF翼　低空攻撃用で翼幅は9.9m
●標準翼　種類としてはもっとも多く製造。翼幅は11.2m
●HF翼　高高度迎撃用で翼幅は12.3m

である。この頃には、ドイツの高高度爆撃機の来襲などごくまれで、そのためHF翼のスピットは、V-1の迎撃に投入されていた。

もうひとつ、飛行爆弾の撃墜には、その長い主翼が便利だったのである。

V-1のロンドン攻撃を阻止するため、最初の頃、標準翼、LF翼のスピットがこの任務に当たっていた。爆弾を発見すると、これらのスピットは増速して接近、20㎜機関砲の射撃を加えた。ここまではなんの問題もなかった。

相手は無人機で、反撃される心配はない。ところが、惨事が相次いだ。砲弾の命中を受けたV-1の800キロ爆弾が、それによって爆発するのである。

この年の8月、少なくとも6機のスピットがこれによって墜落、パイロット4名が死亡している。近接射撃で誘爆する爆弾は、思いもよらぬ形でイギリス戦闘機を道連れにするのであった。

空軍省は頭を悩ませた。射撃を実施するにはできるだけ近づいた方が良いが、誘爆に巻き込まれては危険である。

このとき一人の操縦士が、巧妙な方法で、爆発の危険を避けて、撃墜する方法を思いついた。

主翼の長いHF翼機を用い、V-1と並行に飛行する。スピットの主翼を相手の主翼の下に滑り込ませ、操縦桿(かん)を急激に右か左に倒すのである。

こうすると跳ねあげられたV-1の主翼が垂直になり、自動式の操縦安定性が失われるのである。そして姿勢制御が不能となり、すぐに墜落する。

この方法では、パイロットが冷静に操縦することが条件だが、とくに危険はなく、1発の銃弾も発射することなく、撃墜することができるのであった。

世界の航空戦史で、このような撃墜法は、まさにこの場合だけであった。

当然、少しでも主翼が長いことが重要であり、出番が少なくなっていたHF翼スピットが活躍できたのである。

V-1の記録が正確に残されているロンドンを巡る攻防戦の最終結果をみると、次のようになる

- 発射総数8550機
- 戦闘機による撃墜22%
- 対空火器によるもの18%
- 気球に阻止されたもの3%
- ロンドンに命中したもの22%

残りの30%前後は発射時の失敗、飛行中の故障など。

ロンドンの死傷者は2万4100人であった。

史上初めての巡航ミサイルのこの結果は、どのように評価すべきなのであろうか。

17-3. 長い主翼のスピットファイアHF

第18話

木製戦闘機、奮戦す

日本の軍部、技術者の才知と研究心の不足

日本の軍部と軍事技術者は、ある面でたしかに優秀だった。はっきり言って陸軍にはこれといった、他国に卓越した技術は存在しなかったが、海軍には零戦、酸素魚雷に代表される優れた兵器が生まれている。

しかしこの章では、古い観念に取りつかれたまま新技術に無頓着で、才知と研究心不足を露呈した事実を、航空機を題材に記しておきたい。

それは、大戦中に登場した木製の高性能軍用機に関するものである。戦争に突入するだいぶ前から、我が国の軍需を支える産業界では、アルミ材料の不足が懸念されていた。アルミニウム、そしてジュラルミンの原料となるボーキサイトについては、そのほとんどを輸入に頼っている。

実際に戦争になると、航空機の大増産が行われ、昭和17年末にはこの資源の不足が明らかになる。その結果、全国の家庭からアルミの食器が供出されるのであった。

それならば我が国でも豊富に手に入る木材を利用した軍用機造りができないか、と考えるところだが、軍部、技術者たちはこれを歯牙にもかけなかった。

木製機など過去のもので、最新の航空機とは無縁、研究する価値など全くないというわけである。

ところが調べてみると、木製、あるいは木材と金属混用の高性能軍用機は、この大戦で大活躍している。

その代表的な機種は、航空ファンなら誰でもその名を知っている、イギリス空軍のデ・ハビランド・モスキートである。2基のマーリン発動機を装備した本機は登場するや否や、ヨーロッパの空に君臨した。

戦闘、爆撃、偵察といった様々な任務をこなし、実戦に登場した軍用機のなかでは最速であり、モスキート（蚊）の名前のごとくドイツ空軍を散々に悩ませている。この双発機は実に8000機近い生産が行われ、7カ国に供与されている。もしかすると大戦中の最優秀軍用機、と言ってもおかしくはないのではないか。

この製造作業に従事したのは、5万人を超える家具職人である。戦争中、仕事がなかったこれらの人々が、自分の技術を活かし、国家に最大限の貢献をしている。

もちろん木製機といっても、使われる木材は、檜（ひのき）などにフェノール樹脂を浸み込ませ、それに圧力を加えて造り出す〝強化木〟（硬化積層材）である。

デ・ハビランド社は戦前からこの材料の研究を進め、少数生産ながら何種類かの航空機を製造する技術を確立していった。筆者は、現在も存在するロンドン郊外の木製機製作工場を見学した経験を持つが、そこでは今でも木製のジェット機（バンパイアなど）を飛行させるためのレストア作業を行っているのである。

イギリスの木材加工技術、そして軍需産業とは無縁の、遊んでいる人材の活用は見事に実を結び、モスキートの大量生産を実現したのであった。

ところがイギリスを上回る木製機の本場がある。それは旧ソ連で、少々大げさに言えば、大戦中の大型機を除く軍用機はすべて木製、あるいは木材金属混用となっている。

ソ連のボーキサイト不足は、日本ほどでなくとも切実で、そのため早くから強化木の研究、開発が進み、1930年代中頃には実用化が可能だった。

そのためまず戦闘機であるが、旧式のポリカルポフI-15、16、緒戦に登場

18-2.
ソ連のYak-3。自重の45%を木材が占める

したミグ系列、ラボーチキン系列、そして戦争後半の主力ヤコブレフ系列とすべて木材が多用されている。このYakシリーズは、零戦の3倍、3万機を超える生産が行われた。

アルミは不足していてもソ連の森林資源は無限といえる。当時にあっては日本も同様であろう。

これらの戦闘機の主翼、胴体はやはり強化木であって、全金属製となるのは1945年、つまり第二次大戦終結の年なのである。

さらにドイツ陸軍の〝戦車殺し〟としてその名を轟かした地上攻撃機イリューシンIl-2ストロモビクも、主翼は木製であった。この攻撃機は被弾に強いことでも有名だが、これは木製であっても設計が優れていれば、金属構造に劣らない強度を得られる事実を証明している。

永く共産主義による秘密のベールに覆われていたこともあって、大戦中のソ連機に対する研究者の評価は決して高いとは言えない。

しかし単発、双発の軍用機の性能については、日本、イタリア、フランスなどを大きく凌駕していたと考えられる。

さて最後に我が国における木製機の開発技術について述べておく。これは先に述べたように、恥ずかしくなるほどの低い水準なのであった。

昭和18年頃から慌てて開発に取り組み、海軍の主導で「明星」という航空機の設計、試作が開始される。これは、すでに旧式化して第一線から引き上げられつつあった、愛知99式艦上爆撃機の木製化であった。いうまでもなくこの軍用機は、大きな脚カバーのついた固定脚機である。

完成は19年末であったが、あまりの低性能に艦爆としては使い物にならず、練習爆撃機というあまり聞いたことのない機種に分類された。

それにしても日本の木材加工技術はあまりに貧弱だった。その証拠に明星は、モデルとなった99艦爆より700キロも重かった。自重4トン足らずの航空機で、この重量の増加は致命的というほかない。

結局、明星は7機造られただけで終戦を迎えた。この航空機の資料を読むと、木材同士をつなぐ接着剤がなく、なんとボルト止めである。

強化木を製造するフェノール樹脂だけではなく、強力なエポキシ系の接着剤も日本には存在しなかった。一方、アメリカ、イギリス、ソ連は1930年代の終わりにはこれを実用化しているのである。

この事実から、当時の日本の工業界が木製機を量産することなどとうてい不可能なのであった。

しかし戦争に敗れた技術者たちは、戦後に至りこれらの状況を知った。このことが彼らを刺激、奮起させたのか、現在では強化木（主としてベニア、合成木材など）の製品化について、日本のこの分野の技術は、間違いなく世界の頂点にあるのだった。

18-3. DHバンパイア。ジェット機ながら本機の胴体も木製である

第19話

事実は小説より奇なり

ヘリコプターがジェット戦闘機を撃墜

古くから言われていることだが、表題のごとく「事実は小説より奇なり」という言葉がある。言うまでもなく、世の中には小説家が考えるより、ずっと奇妙なことが起きている、ということである意味正しいかもしれない。

本章で述べるのは、空中戦でソ連製のヘリコプターがアメリカ製のジェッ

19-1. スポンソンの下にロケット弾を携行するMi-24ハインド

ト戦闘機を撃墜した戦闘である。どの程度真実なのはわからないが、イギリスの雑誌2誌が伝えているので、ある程度信頼してもいいだろう。

撃墜したのはソ連製のミルMi-24ハインド攻撃ヘリ、墜落したのはボーイング（MD）F-4ファントムである。

この空中戦の詳細に入る前に、事件の背景となるイラン・イラク戦争について説明しておこう。

イスラム共和国の建国を目指す宗教指導者ホメイニが率いるイランと、独裁者フセインのイラク（こちらも一応は共和国であった）は、1980年9月から8年後の8月まで、国境のシャトル・アラブ川を挟んで消耗戦争を戦った。

このどちらの側も国の存亡がかかっているような全面戦争ではなく、イラクが隣国の政治的混乱に乗じて、国境付近の地域拡大、イスラム過激派の浸透阻止を狙ったものである。

したがって戦争は決着がつかないままだらだらと続き、日本では皮肉を込めて〝イライラ戦争〟などと呼ばれた。

戦争中の1982年頃の航空戦力では、戦闘用航空機のみを数えるとイラン約100機、イラク500機で、前者はF-4、ノースロップF-5、後者はもっぱらソ連製のMiG21、23、25であった。

このようにイランはアメリカ製の航空機を揃えていたが、イスラム勢力の台頭を恐れたアメリカは何一つ援助せず、これが原因で軍用機の稼動率は極めて低かった。

本来なら大いに活躍するはずのノー

スロップ・グラマンF-14トムキャット（20機？）は、整備能力の不足もあってほとんど出撃していない。

そのため主力はF-4ファントムで、戦闘、地上攻撃と、戦力の中心的存在であった。

一方、イラクは地上軍の支援に、もっぱらMi-24ハインド攻撃ヘリを用いていた。アメリカ、ヨーロッパの同種の機種と異なり、この強力なヘリは8名程度の歩兵を運ぶことができた。40機以上がソ連から供与されており、シャトル・アラブ川流域の戦いでは、日常的に姿を見せていた。

1982年8月18日（28日？）、イラン空軍のファントムが対地攻撃中のハインドを発見、撃墜を図る。そのさい空対空ミサイル（AAM）ではなく、20㎜バルカン砲を使用した。AAMは整備不良で、搭載していなかったのかもしれない。

となるとF-4はヘリの速度に合わせるためかなり減速し、しかも当然ながら低空での遭遇となったはずである。

ここからは想像の域を出ないが、安全な最低速度まで減速し、後方からハインドに襲いかかった。

バルカン砲を発射したが、ヘリが巧妙な回避行動をとったのか、あるいは射撃の技量が低かったのか、命中しなかった。

このときのF-4の速度は350キロ（失速速度は240キロ）程度とみられる。これに対してヘリは巡航速度240キロ、最高速度300キロであるから、いずれにしてもファントムはすぐ近くを通り、追い越したはずである。

これを見たヘリは、前方に滑り出てきた敵機めがけて、AAMではなく、搭載していた地上目標攻撃用のミサイルを発射した。

このミサイルはソ連製で、正式名を3K11型ファランガという。聞き慣れない名前だが、アメリカではAT-2、NATOではスワッター―と呼ばれている。

主な目標は戦車で、ヘリだけではなく戦闘車両にも装備されている。全長1.2m、翼幅0.7m、重量27キロ、飛行速度は600キロ、射程は最大3キロといったごく標準的な兵器と言える。

誘導方式は無線プラス赤外線追尾方式であった。

そうであれば、すぐ前方を飛ぶファントムの2基のエンジンから出る排気は、絶好の目標となる。

ファランガは発射されるとすぐにファントムをとらえ、爆発する。このミサイルの弾頭重量は5.4キロもあるから、命中さえすればどのような航空機も生き残れないことは言うまでもない。

もちろんイラン空軍のF-4は、即座に砂漠の土となった。

これが航空戦史において、ヘリコプターがジェット戦闘機を撃墜した唯一の例だと思われる。

さて8年間にわたって続いたイラン・イラク戦争は、国連の仲介によって1988年8月20日に停戦になっている。死傷者はイラン側75万名、イラク側37万名であった。しかも国境線などの状況は、開戦以前と何ら変わりないという、朝鮮戦争の休戦に似た形であった。

最後に、これまでの内容とは少々異なるが、この戦争における珍しい空の戦いを記しておく。

1984年6月4日、イラン空軍のF-4ファントム2機が隣国サウジアラビアの領空に侵入。サ空軍のF-15が直ちに迎撃し、AAMを用いてそのうちの1機を撃墜した。敵味方ともアメリカ製の戦闘機という、現代における稀有の空中戦であった。このイ空軍の侵入の意図ははっきりしないが、同国はF-4の損失を認めている。

19-2. ヘリコプターに撃墜されたF-4ファントム

第20話 三葉機、活躍す

第一次大戦における三枚翼戦闘機

初めて世界を巻き込んだ第一次世界大戦の期間は、1914〜18年であるから、現在から100年前ということになる。

この大戦争では、イギリス、フランス、ドイツ、ロシア、アメリカなどの大国が参加し、あわせて4000万名以上の兵士が動員されている。

またこの戦争に航空機が初めて登場し、最終的にその数は12万機に達している。アメリカのライト兄弟による世界初の動力飛行の成功が1903年であることを考えると、わずか15年のうちに〝飛行機械〟は予想以上の発達を遂げたのであった。

12万機という途方もない数は、これまた信じがたいが、イギリスのS.E.5型は5000機、フランスのスパッドファミリーは1万機を超える生産が行われた事実を知ると、かなり信頼性のある数字であると納得できる。

さてそのうちの大部分は言うまでもなく、単座戦闘機である。またその90%が複葉で、現在の乗用車と同じ150馬力程度のエンジンを備えていた。飛行速度は300キロ弱。航続力は距離ではなく時間で決められ、こちらは2時間半といったところであった。

前述のとおり複葉、単座が一般的であったが、なかには少数ながら三枚翼の戦闘機が存在した。これは三葉機と呼ばれたが、現在では個人の趣味で造られたものを除くと、まさに〝絶滅機種〟である。

しかし古い航空機ファンにとっては、いまだにある種の懐古的な感情から、特筆すべき飛行機と言い得る。

ここでは欧州の空を血で染めて、死闘を繰り返しながら、そのなかに騎士の決闘に近い戦いというロマンを秘めた三葉機を追ってみる。

この種の型式を、トリプレーンと呼ぶ。いうまでもなくモノ、ジ、トリと

20-1. アルプス上空を飛ぶフォーカーDr-1

20-2. Dr-1の翼幅がきわめて小さいことがわかる

いうギリシャ語の数え方の三つ目からとった三葉機のことである。

なかでももっとも有名なのは、フォッカー社が生み出したDr-1である。このドイツの戦闘機は、110馬力のエンジンを持ち、自重はわずか400キロであった。

また三枚翼のため、当然翼幅は短く、わずか7.2mしかない。いわゆるセスナ機（標準的なセスナ172の場合）のそれが11mであるから、Dr-1がいかに小さいかわかる。

また本機は決して高速とはいえなかったが、俊敏すぎるほどの運動性を有していた。このため経験の浅いパイロットには敬遠されたものの、ベテランの手にかかると恐ろしいほどの威力を発揮する。

とくに機体全体を真紅に塗り、戦場上空でわざわざ自分を目立たせるほどの技量をもったM・F・リヒトフォーフェン大尉は、イギリス、フランス戦闘機を次々に撃墜し、その総数は実に80機に及んでいる。戦時中、彼の名声は広く知れ渡り、ドイツ中の若い女性を熱狂させた、と伝えられている。

さらにP・フォス中尉は、21日間になんと22機を葬り去るという快挙を成し遂げた。とくに低高度での格闘戦となるときわめて優れた旋回性能を活かして、容易に敵機の後方にまわり込み、接近して射撃を加える方法が効果的であった。

このDr-1は、史上でもっともよく知られた三葉機と言えよう。

ところが実際には、Dr-1よりも早く登場し、活躍している機種がある。

これはイギリスのソッピース社が送り出したソッピース・トリプレーンで、これがそのまま機名になった。

Dr-1と比べると、一回り大きく、エンジンも強力、自重は50キロも重かった。このトリプレーンも成功した機体で、イギリスでは陸軍航空隊だけではなく、海軍も多数使用した。

全体としては3カ月ほど早く進空しながら、性能的にはDr-1よりも優れていたように思える。

ただドイツ軍の広報組織が、リヒトフォーフェン、フォスなどの活躍を大々的に宣伝したため、トリプレーンはDr-1に比べ少々影が薄い印象を与える。

この両機の空戦性能に影響を受け、ロシアもこの両機そっくりの三葉戦闘機を量産した。

このように有名な三枚翼の戦闘機だが、その名声のわりには生産数は非常に少ない。

トリプレーン600機、Dr-1の350機にロシアの機体を加えても、1500機足らずだったのではあるまいか。

その理由は次のように推察される。

●軽快な運動性の反面、操縦が難しかったため事故続出であった

●大戦の後半に至ると、空中戦の様相が変わり、敵機の撃墜に非常に手間と労力を要する格闘戦から、一撃離脱戦術が重視されたこと

とくに二番目の理由から、この戦術に適したドイツのフォッカーVIIやイギリスのS.E.5、フランスのスパッドVIIなどが大量に製造されるようになる。

この点では、第二次世界大戦における戦闘機対戦闘機の空中戦の形態に似ている。初めのうちすべてドッグファイトが優先されたが、まもなくヒット・エンド・ランこそ勝利のカギとされる。

ただしどこの国の空軍も、このような事実をきちんと分析せず、それがアジア、太平洋の戦闘のさいの零戦の活躍に繋がったのかもしれない。

ところで三葉戦闘機を含む第一次大戦の飛行機のフライトを、現在でも自分の目で楽しむことができるのだろうか。

このような目的に合致する二つの拠点を掲げておく。

●アメリカ・ニューヨーク州／オールドラインベック・エアロドローム

●ニュージーランド南島ブレナム／オマカ・アビエイション・ヘリテージ・センター

エアロドロームとはエアフィールドの古い表現である。

どちらにも飛行場とそれに隣接した博物館があり、実機、あるいはレプリカの第一次大戦機がそれぞれ20機以上保存されている。真冬を除いた月の終わりの週末には、規模の違いはあるものの、これらのフライトや模擬空戦が実施されており、ゆっくりと見学することができる。

20-3. こちらは大量に製造されたS.E.5複葉戦闘機

第21話

直線翼ジェット機 vs ミグ

朝鮮戦争における米英ジェット戦闘機の大敗

1950年6月、戦車150台を伴う北朝鮮軍が38度線を突破して南に侵攻した。わずか30台の装甲車しか持たなかった韓国軍はとうていこれを支えきれず、国連が阻止に動き出す。

ここに、以後1000日続く朝鮮戦争が始まった。

北を中国、旧ソ連、南をアメリカ主導の西側諸国からなる国連軍が支援し、激しい戦闘が続く。

その最終結果は、戦争勃発以前と変わらない状態で休戦となる。国境線もそのまま、互いの国体も同様で、ただ400万人以上の死傷者が生まれたのみという悲劇であった。

ただしここでは戦争の原因、その後の国際情勢などではなく、登場した新しい航空技術であるジェット機を中心に見ていきたい。

たしかに朝鮮戦争は、史上初めてジェット機同士が交戦した戦いであった。その主役は、

●アメリカ側　ノースアメリカンF-86セイバー（1947年10月初飛行　最大速度1110キロ）

●共産側　ミコヤン・グレビッチMiG-

15ファゴット（47年12月初飛行　同1110キロ）

で、ほぼ同時期に実戦化されたこともあり、両機種の空中戦の実態は広く世界に伝えられた。このような敵味方1機種のみの戦いは、それまでなかった形の、東西航空技術の対決となる。

セイバー対ミグの一騎打ちは、別項で詳細に述べているので、ここでは西側のF-86以外のジェット戦闘機と、MiG-15ファゴットの戦いについて触れていく。

共産側のジェット戦闘機はMiG-15のみだが、国連軍では次の機種が参戦している。

●アメリカ空軍

ロッキードF-80シューティングスター（1944年1月初飛行　速度880キロ）

リパブリックF-84サンダージェット（46年2月　920キロ）

●アメリカ海軍

グラマンF9Fパンサー（51年9月　900キロ）

ダグラスF3Dスカイナイト（48年3月　900キロ）

●イギリス空軍

グロスター・ミーティア（43年3月　840キロ）

これらの機種に共通しているのはすべて直線翼で、鋭い後退翼をもつセイバー、ファゴットと比較すると、性能的にかなり劣っていた。

当然最大速度に関しても、時速1000キロ未満で100キロ／時以上の差があり、この点からもミグとは比べものにならない。

もちろん戦闘機の能力が、速度だけでは決まらないのは自明の理であるが、性能を決める一つの要素ではある。

ただしF3Dスカイナイトに関しては、他の戦闘機と全く異なる方法で投入されているので、後述する。

F-80対MiG-15

開戦直後から、北空軍のレシプロ戦闘機に対しては圧倒的な強さを見せつけたシューティングスターだが、ミグが出現すると立場は逆転する。初期の空戦では、技量に優れたアメリカ人パイロットが対等に戦っていたが、まもなくミグの優位が明らかになる。最終

21-2. この時代のF-80戦闘機の塗装をしたT-33練習機

21-3. これも太刀打ち
できなかった
F-84F サンダージェット

的にミグの撃墜6機、対してF-80の損失14機と大きく差がついている。

F-84対MiG-15

セイバーが登場するまで、アメリカ空軍の最新のジェット戦闘機であったF-84だが、ミグの登場と共に一夜にして旧式化したと言える。この事態にアメリカは驚愕したはずである。最終決算は8機の撃墜に対して、F-84サンダージェットの損失は18機であった。

F9F対MiG-15

この2機種の空中戦の結果については、詳細な資料を見つけることができなかった。この戦争で失われたF9Fパンサーは合わせて64機。このうち1機がミグに撃墜されている。しかし逆に1機を撃墜しており、このことから引き分けと言えるが、アメリカ海軍はF9Fの性能不足を認めて、ミグとの交戦を避けるよう指示を出している。

ミーティア対MiG-15

この戦いに投入されたミーティアは、初期型より大幅に性能が向上した最終生産のF.8型であった。さらに技量の高い操縦士が乗っていたものの、ミグには全く歯が立たなかった、とイギリス空軍は認めている。また戦後公表されたパイロットの手記からも、この事実は確認できる。

最終結果はミーティアの撃墜3機に対して、損失は7機である。

このように比較的新しい戦闘機であっても、登場して5年前後には空軍の主力の座を奪われるという、厳しい現実があった。

とくに世界最強を自負していたアメリカの衝撃は、太平洋戦争緒戦における零戦との邂逅(かいこう)に等しかったと推測される。

F3D対MiG-15

F3Dスカイナイトは他の戦闘機とは違い、その名のとおり夜間の戦闘を主任務にしていた。重量10トン近い大型で双発、複座である。乗員の一人はレーダー手で、実質的には世界最初のジェット夜間戦闘機と考えてよい。

性能としては、その重量からいってとうていミグとの格闘戦など不可能で、昼間の出動は最初から考慮されていなかった。

このようなスカイナイトであるが、朝鮮戦争に登場すると期待以上の戦果を挙げる。ときおり暗闇のなかを飛行するミグを強力なレーダーで捕捉し、4門の20㎜機関砲で攻撃した。これに対してレーダーを持たないMiG-15ファゴットは、一方的に敗れた。F3Dのミグ撃墜6機に対して、損失は皆無である。

当時、アメリカ国内では反共意識が高まっていたこともあり、本機を開発したダグラス社は、ライフ、タイムといった一般雑誌にも「自己の損失なしで、ミグ6機を撃墜した戦闘機！」といったPRまで行っている。

それにしてもこの時代の航空機の進歩は、目覚ましいものであった。

また第二次大戦の勝者であるイギリスの航空技術の衰退も、徐々にではあるがはっきりしてくる。

戦争の3年間を見ても、MiG-15に対抗できるジェット戦闘機を送り出せなかったことが、その証左と思われるのであった。

21-4. 途中から撤収を余儀なくされたミーティアⅣ

戦闘機のみによる敵基地攻撃

第一御楯(みたて)隊のサイパン銃撃作戦

一般的に言って敵の大基地に対する航空攻撃は、原則として爆撃機の役割である。戦爆連合の編隊がまず爆撃し、その後余裕があれば護衛の戦闘機が銃撃を加えることは珍しくない。

しかし戦闘機のみによるこの種の攻撃は、爆弾を搭載していないこともあって、大きな戦果は期待できないと考えるべきだろう。

それでも戦況が本当に切迫すれば、この戦術が採用される。本章では、12機の零戦隊による壮烈なサイパン島のB-29の大基地に対する銃撃作戦にスポットを当ててみたい。

アメリカが開発した、これまでの爆撃機とは桁違いの性能を有するボーイングB-29スーパーフォートレスが、初めて日本本土を攻撃したのは1944年6月である。

このときのアメリカ軍は中国のかなり奥地にある成都を基地としていたので、目標となる北九州の製鉄所まで往復するとなると7000キロ以上の飛行距離となり、これは巨大な4発爆撃機にとってもかなりの負担となった。

最初の爆撃行には75機が参加しているが、日本軍の迎撃戦闘機、高射砲による応戦に初期故障が重なり、未帰還機は7機に及んだ。

この状況からアメリカ軍はサイパン

22-1. 編隊でサイパンを目指す御楯隊の零戦

島、そしてその隣のテニアン島を占領、ここを拠点に日本本土への大規模爆撃を計画する。

同1944年10月に入ると順次滑走路、整備場、宿舎などが建設され、ハワイ経由で多数のB-29が送り込まれる。

戦争の最終的な勝利に直結するという判断から、準備は着々として進められ、島の基地は大型の爆撃機で埋め尽くされることになる。

当然日本軍もこの状況を知っており、早速、陸海軍のこれらの基地への攻撃が実施されることになった。

これは11月初旬から本格的になり、

第一御楯隊の飛行距離

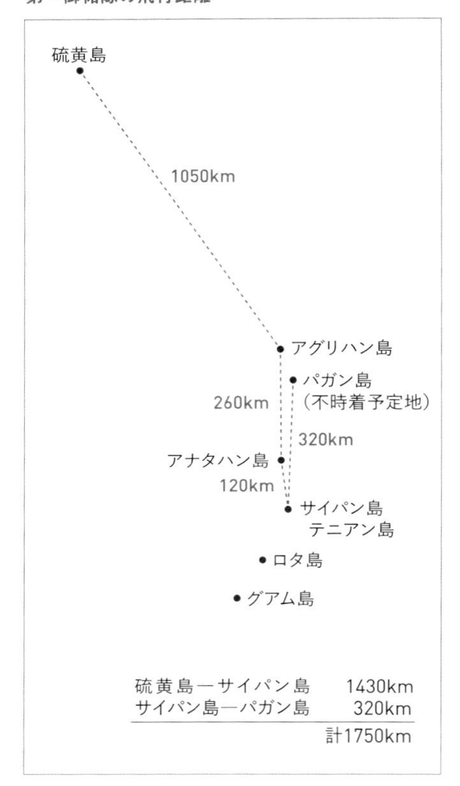

陸軍の97式爆撃機、海軍の1式攻撃機が毎日のごとく、サイパン、テニアンを襲った。

出撃の基地は東京から約1000キロ離れた硫黄島で、ここから二つの島までは1400キロ、途中にはミクロネシアの島々が点在する。

これに対しアメリカ軍は、多数の迎撃戦闘機と対空火器で防衛態勢を固めた。とくに強力なレーダーを配備し、これを活躍させて、島から200キロほど前方に防御スクリーンを設置する。また陸上だけではなく、数隻のレーダー装備のピケット駆逐艦を遊弋（ゆうよく）させ、24時間態勢で日本機の来襲に備えた。

これにより日本側は一度に多数の航空機を送り込むことができず、数機によるゲリラ的な攻撃を続けるしかなかった。

11月中旬、B-29の大編隊110機が、サイパン島のイスリー飛行場を離陸、群馬県の中島飛行機工場を爆撃し、本土を巡る本格的な攻防戦が開始された。このため日本軍としては、どうしても出発地となるサイパンの基地を潰さなくてはならない。

ここに、爆撃機だけではなく戦闘機を用いた攻撃計画が実行される。小型の戦闘機となれば、その運動性を利して低空での銃撃が可能なはずで、作戦通りに進めばかなりの戦果をあげることが期待できる。

選ばれた12機の零戦は、第一御楯（みたて）特別攻撃隊と命名された。「御楯」とは天皇を護る楯という意味である。

千葉県の館山から硫黄島に進出し、燃料、弾薬を満載してサイパンに向かう。航程の最初800キロは目標のない洋上飛行となるので、高速偵察機である中島彩雲（さいうん）2機が誘導、攻撃終了後は戦果確認を行う。

また特別攻撃隊といっても、体当たりするわけではなく、任務終了後、反転しパガン島（地図参照）に着陸することになっていた。この島には2000名ほどの陸軍部隊が駐留しており、その後、搭乗員は迎えの潜水艦で帰還する、という計画であった。

こうして12機の零戦は、11月27日、彩雲に見守られながらイスリー飛行場の上空に達し、直ちに銃撃を開始する。このさいなぜかアメリカ側は日本機の接近を察知できず、ようやく対空砲の射撃が始まった。

15分ほど猛烈な低空からの銃撃が続き、地上のB-29、燃料貯蔵庫などが激しく炎上する。

最終的に4～5機が全壊、6機が中破、21機が損傷している。

一方、零戦も対空砲火、そして慌てて離陸したP-47サンダーボルト戦闘機により次々と撃墜されていった。

このようにして第一御楯隊の攻撃は終わった。

結果として日本側は12機の零戦と彩雲1機を失っている。

それにしても戦闘機のみによる敵の大基地銃撃は、世界の航空戦史のなかでも珍しく、まさに壮烈極まる戦闘であった。

またその後、この戦いにはいくつかのエピソードが残されている。

●迎撃に離陸したP-47のうちの1機が墜落しているが、この原因がはっきりしない。日本機に撃墜されたのか、あるいは対空砲火の誤射であろうか。

●1機の零戦が、銃撃のあとイスリー飛行場に着陸し、乗員が拳銃でB-29を射撃したが、すぐに射殺されたとの情報もある。

●パガン島に零戦が不時着した。この島は現在無人島になっているので確認はできないが、20年ほど前に行われた調査では、機体はそのままの状態で残されている、ということであった。さらに機種は不明だが爆撃機もあり、これもサイパン攻撃の帰路、不時着したものかもしれない。

●すぐ近くのアナタハン島には、東京空襲の帰途、出発地のサイパンまでたどり着けず不時着、あるいは墜落したB-29の残骸もある、と報告されている。

いずれにしても太平洋戦争における「兵（つわもの）どもの夢のあと」であろう。

22-2. 被弾して白煙をひく零戦

第23話

イスラエル空軍vs シリア空軍の死闘

ベッカー高原上空の空中戦

第二次世界大戦が終了しても、アジア、アフリカ、中東では戦争が続いた。

航空戦に関して主要な軍用機はジェット化され、とくに戦闘機の分野でレシプロ機は姿を消す。そして朝鮮、ベトナム、湾岸戦争で、戦闘機同士の空中戦は頻発しているが、規模としてはそれほど大きなものではなかった。

それでは、交戦時間、区域、機数などから、大戦後もっとも激しい空中戦はいつ、どこで、どれだけの数の戦闘機が参加して勃発したのだろうか。

23-1. 戦場に向かうMiG21フィッシュベッド

このような問いに対する正確な答えは難しいが、1982年の6月9日、イスラエルとレバノン、そしてシリアの国境にまたがるベッカー高原上空の戦いはこれに該当するかもしれない。

当時、パレスチナ解放戦線PLOはかなりの戦力を有し、イスラエルへのゲリラ攻撃を繰り返し行っていた。これにはシリアという強力な後ろ盾があった。

なおPLOはレバノンを拠点としていたので、イスラエルはこれを壊滅させる目的から同国に侵攻する。

そのためイスラエル、シリアの軍事衝突となった。現在の混乱した状況と違い、この頃のシリアは中東の強国であった。

人口は1000万人と東京都に等しいが、軍隊の総兵力は32万名と我が国の自衛隊の1.5倍近い。空軍だけで7万名、戦闘機、爆撃機はソ連製を中心に550機を擁していた。

戦闘機の主力はお馴染みのミグMiG21フィッシュベッド（80機）、そして比較的新しいMiG-23フロッガー（40機）である。

フロッガーは21の後継機で、かなり大型の可変翼を持ち、戦闘爆撃機としての能力は高く評価されていた。

一方、イスラエルは人口450万人、空軍4万名、550機となっていた。

主力はMD F-15イーグル（50機）であったが、2年前からジェネラル・ダイナミックスF-16ファイティングファルコンの導入が始まっていた。

その数は60機（のち80機に）で、整備、訓練が終わり次第、前線に投入される。

さてイスラエル軍の侵攻は6月6日に開始され、同時にPLO、シリア軍が反撃する。

23-2. シリア側の対地攻撃の主役MiG-23/27フロッガー

小競り合いがつづき、9日を迎えた。

この日、両軍の攻撃ヘリが互いの地上軍を攻撃し、その上空では最大規模の空戦が勃発した。

イ空軍はそれまでの中心戦力であったMD F-4ファントムを出撃させずに、イーグル、ファルコン合わせて48機を送り込んだ。

これに対してシリア空軍は、MiG21、23を65機投入している。また100機近く保有しているMiG-17フレスコは、ファントムと同じ状況におかれている。

この空戦のさい、両軍とも機種ごとの機数は公表していない。

この日は晴天で、あわせて110機を超えるジェット機同士の戦いは、暗くなるまで続く。

ベッカー高原は、終日地上に加えて高空まで爆発音と硝煙に包まれることになった。

後日、イスラエル空軍は空中戦の結果を公表したが、これによると自軍の損失なしでシリア機29機を撃墜したとしている。この言葉を信じれば、まさに圧勝、完勝ということになる。一方シリア側はイ軍機26機を撃墜、損失は16機と発表。

これらの数字の信憑性は不明であるが、それぞれ自軍が公表した損害が正しいとすれば、イ側の損失はゼロ、シ側は16機ということになる。

なおアメリカの情報筋は、のちにイ軍のF-15の1機が失われた可能性があるとしている。

それはともかく、シリア空軍が機数では優勢であったにもかかわらず、大きな損害を出したのは事実で、ひと月後にはソ連の調査団が同国入りし、状況を分析している。

これはやはり旧式化していたフィッシュベッドは仕方がないとしても、新鋭フロッガーの実戦における能力を調べたものと思われる。

1982年6月のベッカー高原を巡る戦闘は、わずか1週間足らずで終結する。

イ軍はこの間、シ側の固定翼機80機、ヘリコプター5機を撃墜、自軍の損害は同1機、ヘリ2機と発表している。

もちろんこの数字には地上砲火、対空ミサイルによる数字が含まれている。

それにしても、空中戦闘でイスラエル側が勝利したことには、疑う余地はない。

さてその理由は、どこに求めるべき

であろうか。

例のごとく、ひと言で言ってしまえば、広義の機械技術を扱う能力の差が、ユダヤ系とアラブ系の人々の間にあったことに尽きる。当然、航空機の信頼性、パイロットの技量の違いなども考えられる。

23-3. イスラエル側の主役F-15イーグル

もう一つ、イスラエル側は前年末に、4機の中型空中早期警戒・管制機ノースロップ・グラマンE-2ホークアイを導入している。

もし本機がこの戦いに参加していれば、たぶん大きく勝利に貢献していたはずである。

シリア側はこの種の航空機を持っていないので、空中戦における不利は明らかであった。戦場の後方の高空から全体を見回し、強力なレーダーを活用し味方機を支援すれば、その有効性は改めて述べるまでもない。

ベッカー高原の攻防戦から約十年後の湾岸戦争では、ホークアイに代わり数段高性能のボーイングE-3セントリーが多国籍軍の全航空機を指揮、管制しており、その萌芽はこの戦いにあったようである。

23-4. こちらはAAMを装備し、離陸するF-16ファイティングファルコン

第24話

イギリス機の胴体の文字を読み解く

あのアルファベットと数字は、なにを意味するのか

第二次大戦のイギリス軍用機、なかでも空軍機を見るとき、誰でも気になるのが胴体に大きく書かれたアルファベットと数字である。

これらがなんらかの識別番号であることは理解できるのだが、もう少し詳しく知りたいと調べ始めると、すぐに壁にぶつかってしまう。ともかくなかなか正体が掴めず、先に進まない。

とはいえ、ドイツの巨大貯水池と発電所を爆破したダムバスターのランカスター爆撃機、ゲシュタポ本部に奇襲攻撃を実施したモスキート部隊などの戦闘記録を調べようとすると、この文字を読み解くことが必須の条件となる。

ここではごく表面的にではあるが、いままで我が国ではほとんど伝えられたことがなかった〝イギリス機の胴体の文字〟に触れてみる。

最初にイギリス空軍の組織（正確には戦闘序列）であるが、規模の大きい順に軍集団→飛行集団→飛行団→飛行

24-1. 第247スコードロンのグラジェーター

24-2.
第271スコードロンのホーカー・ハリケーン

隊→飛行中隊となる。

大隊という区分もあるが、これは臨時、あるいは作戦に当たって便宜上設けられるものである。つまり基本の最小組織は中隊で、これに基づいて文字が決められている。

呼び名はスコードロン・コード・レターで、SCL、あるいはレターを略してSCである。

最初にお断りしておくが、ごく緩い決まりはあるものの、それすら当てはまらない例外が多数見られ、判断に苦しむ。

SCの種類は一般的なものだけでも900種類以上あり、これらは戦闘用と訓練部隊に割り当てられていた。しかし輸送機は別で400前後ある。

本当に数が多いが、それなりに理由がある。第二次大戦以前の1935年から戦争が終わるまで、イギリス軍用機は12万機以上も存在した。

多すぎるように思われるのだが、スピットファイア3万機、ハリケーン1.4万機、モスキート8000機、ランカスター8000機などの生産数を考えれば納得できる。

これらの大部分にSCを与えなければならないのだから、管理するのは大仕事であった。

それでは概要から説明したい。

●攻撃機A、爆撃機B、輸送機C、戦闘機Fといった機種の区分はなく、戦列化される中隊にこれといった脈絡なくSCを与えている。

●最初のうちアルファベット2桁の組み合わせであったが、すぐに足りなくなり1桁の文字も出現する。前者のグラジェーターはHPで第247中隊（写真左）、後者はハリケーンのLで第271中隊（写真上）となる。また外国人（カナダ、フランス、オーストラリアなど）によって編成された中隊でも、イギリ

24-3.
スコードロン・レターを
書いたP-47サンダーボルト

ス空軍と同じSCとしている。

●3桁のSCは一般的に教育部隊、飛行学校などに使われることが多い。たとえば海軍航空部隊（正確には艦隊航空）と混同しそうなFAAは、第19飛行学校中隊である。

●またアルファベットと数字を組み合わせたSCも、特殊飛行中隊向けに用いられた。G7は戦時映画撮影中隊を示す。

●さらに中隊の数が爆発的に増えると、アルファベットの組み合わせでは足りなくなり、数字だけのSCも現れる。例えば13は標的曳航中隊であった。

●1943年からスピットファイア戦闘機の大量生産が軌道に乗ると、SCの不足は慢性的になり、A単独の中隊がなんと20にも及ぶ。さらにANの中隊も同じ機種で三つ存在する。こうなると、もはやSCについて、収拾がつかなくなっているような気がする。

●さらに機種改変が次々と行われるが、この場合SCは変更されなかった。例えば、前ページ写真のハリケーンの第271中隊は44年に最新のスピット14型に代わるが、SCはそのままLとして引き継がれている。

●1940年秋、ドイツ空軍の大空襲が続き、英国に危機が迫ったころ、一時的に防諜（情報漏れ防止）の目的から、SCの記入を取りやめた部隊があった。これは戦いの中核を担う戦闘機部隊で、ハリケーン、スピットの多くにSCのない機体が目立つ。さらに戦争中に公表された軍用機の写真では、同じ理由からSCは消されている。

●国籍マークの反対側の記号は、中隊内の登録番号を示す。しかしこれも極めて曖昧で、編隊長が自分の名前の頭文字をつけた機体さえあった。

　このようにきちんとした規則性がないので、戦史を読む側としては有名な中隊のSCLを暗記するよりほかに、理解する方法がない。

ところが胴体に書かれたアルファベットに関して、より意味不明な例がある。それはアメリカ陸軍機で、左の写真に見られるP☆HVとか、U☆G4とかの文字は、どのように解釈すればよいのだろうか。戦闘機だけではなく、ボーイングB-17爆撃機にDR☆Rと書かれている例もある（写真下）。

これらはもしかすると、アメリカのイギリス派遣第8空軍の所属機についてだけのことかもしれない。

イギリス機に関してはSCについて書かれた分厚い本もあって、労力と時間をかければなんとか解読できるのだが、正直なところアメリカの軍用機ではお手上げというしかない。

垂直尾翼の文字から推測するに、下の写真の爆撃機は、第1航空団のR航空群R飛行中隊4番機と考えられるのだが、この判断には自信がない。

結論としては、イギリス機、アメリカ機ともに、あまり胴体に書かれた記号、数字などにとらわれることなく、航空ショーや博物館で好きなウォーバーズを、じっくり楽しむのがベストと言えよう。

24-4. 複雑なアルファベットのB-17G爆撃機

第25話

超低速飛行艇の活躍

日本海軍水上機部隊の弱点を探る

25-1. F4Uコルセアにエスコートされて飛行するカタリナ

先の大戦は、胴体の下にフロート（浮き船）を持つ水上機（シープレーン）、胴体自体が船になっている飛行艇（フライングボート）が活躍した最後の戦争であった。ヨーロッパ戦線でもこれらの機種はそれなりに使われたが、主な活動の場はやはり広大な太平洋と、その南方海域に点在する島々であった。

このような海で水上機、飛行艇ともいろいろな任務を果たしている。中でも後者は大きな収容、輸送、航続能力を持っていることもあって、地味ながら大いに力を発揮したのである。

日本海軍は、以下の大型飛行艇2種を投入した。

●川西97式飛行艇　1936年7月 初飛行　自重12トン　217機製造

●川西2式飛行艇　1940年12月　自重18トン　167機製造

とくに97式は、大戦前には横浜とサイパン島を結ぶ民間の定期航路に就役するほど、信頼性の高い飛行艇であった。

また2式は、離着水が難しかったものの、飛行性能は米英の同種の航空機を凌駕していた。

しかし戦争が始まると、圧倒的な活躍ぶりを見せつけたのはアメリカ海軍のコンソリデーテッドPBYカタリナ（35年11月 初飛行）である。

日本の4発飛行艇と違って、双発で9.5トンとかなり小さい。また最大速度も97式の330キロと比較してだいぶ低く278キロ。全体的にすべての面で低性能であった。

しかし、南太平洋の戦いが開始され

ると間もなく、このカタリナは機数に余裕があったこともあり、多数が偵察任務に出動した。

航続距離は軽く4000キロを、そして連続の飛行可能時間は、実に12時間を超えている。

しかし速度が300キロに満たない速力では、日本機に発見されたが最後、生き延びることは難しかった。

ソロモンを巡る戦闘で投入されたあるPBY部隊は、短期間のうちに大きな損害を被り、残った機体はオーストラリアに撤収している。

もっとも1944年の初頭から日本軍航空部隊の戦力は大幅に弱体化し、ふたたびPBYの出番がやってくる。

それは撃墜された味方機、沈没した魚雷艇などの乗員の救出である。低性能ながら大きな収容能力、容易な操縦性、多少波浪があっても着水できる安

25-2. 着陸するPBYカタリナ飛行艇

定性などが、この任務に最適であった。

もちろん相変わらず敵の戦闘機に対しては、無力に近かったので、必ず戦闘機のエスコートがついた。

これはほとんどの場合、少々旧式化したグラマンF4Fワイルドキャット4機からなるチームである。大きな増加燃料タンク2個を装備したワイルドキャットは、動きの鈍いカタリナの頼りになる相棒であった。ラバウル基地、硫黄島の近くの海面で、撃墜された米軍機の乗員を瞬く間にこの飛行艇が拾い上げる場面を、日本側はたびたび目撃している。

さらにこの頃からカタリナの名前の代わりに〝ダンボ〟が使われ始めた。このダンボとは、1941年に公開されたW・ディズニーの漫画映画の主人公の名前である。サーカス団の子供の象で、動きが鈍く、そのうえ耳が異常に大きい。そのことでからかわれていたが、そのうち大きな耳が翼になることに気付き、空を飛んで仲間のために大活躍するのである。

このダンボのイメージが、同じように鈍重で長い主翼のカタリナと重なり、愛情を込めてこうに呼ばれるようになる。

戦争中、ダンボによって救われたパイロットや艦艇の乗組員は2600名と言われている。これほど見事な活躍ぶりを見せた救難機はほかにあるまい。

カタリナがこれだけ期待に応えられたのには、理由がある。

その一つは、なんと3300機を超える大量生産により、数に余裕があったことである。これはすぐに戦力となる。また戦後を含めると本機を使用した国の数は、50に及んでいる。

先に記したごとく日本海軍の飛行艇2種を合計しても生産数は400機に満たないから、この差は例えようもなく大きい。

もう一つカタリナが大いに役立った理由は、その水陸両用性にあった。つまり陸上の滑走路から離発着できたのである。初期型にこの能力はなかったが、海軍の強い要望により1939年11月から生産されるタイプはすべて両用となった。

アメリカ海軍の場合、グラマンJ2Fダック水上機、同JRFグース飛行艇などは水陸両用で、極めて効率よく運用できた。

一方、日本海軍では水上機、飛行艇のどちらを見ても、両用機は皆無である。

負傷者の搬送、物資の積み込み、荷下ろし、そして整備性などから見て、陸上の飛行場を利用できない水上機、飛行艇はともかく使いづらい。

なにかにつけ海上と陸上の交通に、小舟が必要なのである。エンジンの整備一つをとっても海上で行うのと陸上では手間、労力に少なからず差が出る。

なぜ日本の軍用機設計者は、この利便性を無視したのだろうか。

我が国にも、たとえば昭和11年にアメリカから輸入されたフェアチャイルド水陸両用機が存在した。それを目の前にしていながら、誰一人としてこの能力を日本海軍に付与しなかったのは、なんとも残念というしかない。

97式飛行艇（97大艇）、2式飛行艇（2式大艇）とも、PBYカタリナよりもカタログ表の上ではより高性能でありながら、使いやすさという点では大きく劣っていたというべきであろう。

この点からはイギリスのショート・サンダーランド、ドイツのドルニエDo18および24飛行艇なども水陸両用性能はなく、このシステムはアメリカ海軍の独壇場だったのである。

25-3. 複葉の水陸両用機グラマンJ2Fダック

ベトナムにおけるアメリカ空軍のミグ撃滅作戦

F-105を囮(おとり)に——ボウロウ作戦

アメリカのベトナム戦争介入は、1964年頃から本格化した。それに対抗し、北ベトナム軍も南に正規軍を派遣する。

空の戦いも66年の秋から、激化の一途を辿った。とくにこの頃、北の空軍は旧式化したミグMiG-17フレスコに加えて、最新鋭のMiG21フィッシュベッドも投入してきていた。

これらのMiGは地上の管制を受けて、

26-1. このF-4は指揮官ロビンオルズ大佐の愛機である

巧妙に北爆のアメリカ軍機に襲いかかる。MD F-4ファントム戦闘機との対戦を極力避けて、リパブリックF-105サンダーチーフに代表される爆撃編隊を攻撃するのである。

このときミグが攻撃すれば、襲われた側のF-105はそれを回避するため、否応なく爆弾を放棄せざるを得ない。

こうなれば撃墜しなくても、爆撃阻止というミグの役割は充分に達成されたことになる。

もちろんファントムはミグを捕捉しようと努力したが、相手は地上のレーダーの指示を受け、戦闘機との空中戦を回避するのであった。

ここでアメリカ軍は綿密な作戦を立案、ミグ編隊をおびき出して、一挙に撃滅しようと試みる。

この作戦には「ボウロウ」というコードネームが与えられた。これは草刈用の大きな鎌のことで、その名の通り北ベトナム空軍、とくにフィッシュベッドを一掃しようというものである。

作戦の準備は12月初旬から始まり、年を越して1月2日に開始される。まず24機からなるF-105を、いつものごとく通常の爆撃行のコースを飛行させる。

ただしこの日のサンダーチーフは爆弾を搭載せず、ミグを見かけたらすぐに退避する。代わって先頭に出るのは56機のファントムであった。

つまりF-105を囮（おとり）にし、迎撃に出動するミグを多数のファントムで叩き落とすのである。

北の上空に入ると、予想通りミグ、それも21フィッシュベッドが相次いで来襲した。

アメリカ側はロッキードE-121ウォーニング・スター空中早期警戒機の支援により、優位な位置で空中戦に持ち

26-2.
MiG21の上昇力は
ファントムを上まわった

込む。

北のパイロットはこれにかなりの衝撃を受けたはずである。そこにいるのはいつものように爆弾を抱えたF-105ではなく、F-4戦闘機の大群であったのだから。

こうしてまずオールズ編隊が、密雲を突破して上昇してくるミグを攻撃した。4機のファントムと6機のフィッシュベッドが、ハノイ上空で戦い、長い戦闘の後ミグの全機が撃墜される。使用された武器は、AIM-7スパローとAIM-9サイドワインダー空対空ミサイルである。

待ち構えていたファントムだが、小さく俊敏なミグを捕捉するのは容易なことでなかった。しかしまもなく後続のランブラー編隊が到着し、別のミグと空戦に入った。

そして2機を撃墜している。さらに15分ほどして、単機のミグの襲撃を受けた。一時は危険な状態に陥ったが、格闘戦のうちにこれを撃墜。

残りのミグは体勢の不利を察知したのか、また地上管制の指示かは不明だが、戦場から姿を消した。

結局、このボウロウ作戦では、アメリカ側の損失なしに、ミグ7機を撃墜している。

当時の北空軍の所有するMiG21は20機に満たなかったので、この損失は大きな打撃であった。

また数日後、北側が1月2日の空戦の状況分析を済まさないうちに、ということで、再び同様の作戦が行われた。これも成功し、2機のミグを撃墜している。

このようにアメリカ空軍は、ボウロウ作戦からいくつかの教訓を学び取った。

●北の戦闘機操縦士の技量は、決して低いとは言えないこと

●MiG21は侮りがたい性能を有していること

第26話

●AAM（空対空ミサイル）の信頼度は完璧ではないこと
●相手は地上の管制を受け、基地上空で戦う有利さをもっていること
●北ベトナム上空の天候は、1年を通じて曇天が多く、このためレーダーを駆使しても敵機の確認が難しいこと
――などである。

筆者も二度ほど調査のためハノイを訪れているが、延べ6日間、雨は降らなかったものの、一度も太陽を見ることはなかった。

さてベトナム戦争の全期間を通じて、アメリカ軍と北空軍の撃墜と損失の割合は、どのような結果となったのだろうか。

●アメリカ空軍　撃墜137機、損失69機　キル・レシオ（撃墜と損失の割合）1.98
●アメリカ海軍　撃墜56機、損失18機　キル・レシオ3.11

となっている。太平洋戦争、朝鮮戦争と比較するとかなり低く、いろいろな条件を勘案すると北ベトナム空軍の善戦ぶりが明確にわかる。

このような事実によりアメリカ海軍、空軍の戦闘機部隊は、対戦闘機戦闘を特別に訓練するトップガン（アメリカ海軍戦闘機兵器学校）、そしてアグレッサーという仮想敵機を運用する組織を立ち上げている。この状況は日本はじめ各国に広がり、西側の戦闘機パイロットの技術は、目覚ましい向上を遂げたのであった。

26-3. 14の撃墜マークを付けたMiG21

第27話

隼と零戦、共同作戦の失敗

81号作戦　日本船団の悲劇

日本陸軍の一式戦闘機隼(はやぶさ)と海軍の零式戦闘機は、太平洋戦争の全期間を通じて戦い続けた。

しかし我が国において陸海軍の関係は良好とは言えず、この2種の戦闘機が共同して作戦に参加する機会は多いとはとうてい言えなかった。

強いて言えばラバウル、ニューギニア、中国戦線、オーストラリア進攻といったところであろうか。

その例外的な行動が、1943年3月初旬に行われた〝81号作戦〟である。

この作戦の骨子は、ニューブリテン島のラバウル基地から、この大きな島の北側を通り、西のダンピール海峡を通過、東部ニューギニアのラエ基地に8隻の輸送船団を送り込むことであった。

船団には精鋭の第51師団の主力が乗船しており、この輸送が成功すればニューギニアの戦局を大いに有利にすることができる。

しかしニューギニア島のモレスビーには、アメリカ陸軍航空部隊に加えてオーストラリア空軍機が多数存在し、必ず阻止に動き出すはずであった。

そのため陸軍と海軍の上層部が協力し、充分な護衛戦力を準備する。

まず陸軍は50機前後の一式戦を、海軍は基地航空部隊の零戦26機、空母部隊から18機を揃え、上空掩護(えんご)に充てる。合わせると100機前後となり、戦争中最大規模の戦闘機が集結する。また海軍は輸送船の数と同数、つまり8隻の駆逐艦を随伴させ、敵の水上艦と航空機に備える。

陸海軍上層部は、これだけの護衛を付けることによって、船団の安全は確実であると判断していた。

3月2、3日、船団がダンピール海峡に差しかかると、それを待っていた連合軍機の攻撃が始まった。

まず数機のボーイングB-17が、高空から爆撃を実施すべく接近する。

100機の護衛戦闘機と言っても、当然、燃料の関係から常時船団の上空に張り付いていられるのは、30〜40%であろうか。

このときには戦闘機の大部分が、B-17に向かっていった。

しかし攻撃の主力はまったく別で、爆弾を抱えた中型の爆撃機B-25ミッチェル、攻撃機A-20ハボック、オーストラリア軍のボーファイターであった。

40機以上からなるこれらの攻撃隊は、それまで使われたことのない新戦術〝スキップボミング〟で輸送船と駆逐艦に襲いかかった。

これは超低空から、爆弾を目標の300mほど手前に投下するものである。海面に落下した爆弾は、子供が投げた石のように水面をスキップし、艦船の舷側に命中する。

スキップボミングは、水平爆撃、急降下爆撃よりはるかに命中率が高く、そのための訓練も決して難しくない。連合軍はかなり前から、この戦術に関心を持ち、実施の機会を狙っていた。

しかもこの2日間、数次にわたり、この攻撃を繰り返した。

その結果は、連合軍にとって完璧に近く、輸送船8隻、駆逐艦4隻が沈没し

27-2. 零戦と協力して護衛した一式戦隼

た。乗船していた兵員7000名のうち、助けられたのは40％程度、もちろん搭載していた弾薬、重火器もすべて海没した。この状況は、人的被害の大きさからダンピール海峡の悲劇と呼ばれている。

さらに驚くべき事実は、延べ200機近くがスキップ攻撃を行いながら、ただの1機の損失もなかったことである。

本当にエスコートの隼、零戦はなにをしていたのだろうか。

日本戦闘機隊の戦果としては、B-17爆撃機２機、護衛のP-38ライトニング戦闘機3機を撃墜しただけである。しかも隼3機、零戦2機が未帰還となっている。

まさにほとんど役に立たなかった戦闘機隊だが、その原因はどこに求めるべきであろうか。

賽の河原の石積みに似ているが、一応、考えてみよう。

日本の戦闘機は、船団護衛などの経

27-3. 20機以上が攻撃に参加したP-40キティホーク

験がなく、本来なら輸送船の上空に張り付いて守るべきところを、すべてが高空のB-17に向かってしまった。

陸海軍の任務にたいする細かな打ち合わせなど皆無で、たんに午前中は陸軍機、午後は海軍機が担当といったことだけを決めていた。

すくなくともエスコートする戦闘機の半数は船団の直接掩護、半数は間接掩護という取り決めだけでもしておけば、あれほど易々とスキップボミングを成功させる事態にはならなかったはずである。

さらに日本海軍の駆逐艦が、有効な対空火器を装備していなかった事実も挙げられる。ともかく主砲は旧式で対空戦闘には全く役に立たず、1隻当たり4門の25mm機関砲だけが頼りという貧弱さであった。

また運動性の良い駆逐艦でも、スキップの前には無力で、次々に沈められている。

この戦いから日本の陸軍は〝跳飛爆撃〟、海軍は、〝反跳爆撃〟と呼んでこの戦術の研究を開始した。しかし結局、中途半端に終わり、ごく限られた戦場で使われただけである。

これに本腰を入れて実用化すれば、操縦士が必ず死亡するという悲惨な体当たり攻撃を、せずとも良かったかもしれない。さらに連合軍の航空攻撃を軽視し、この程度の護衛戦力で充分と判断した上層部にも不信感が残る。

1942年の地中海のマルタ島をめぐる攻防戦では、この島への増援、補給として、連合軍は〝ペデスタル作戦〟を実施した。このさいには枢軸側からの猛烈な阻止行動が予想されるとして、イギリス軍は14隻の輸送船の護衛に戦艦2、空母3、巡洋艦7、駆逐艦21隻を動員した。

27-4. スキップ攻撃を実施したB-25ミッチェル

それでも少なからず艦船が沈み、マルタに辿り着いた輸送船は4隻のみという凄まじさであった。

この事実と比べると、日本の陸海軍の船団エスコートに関する計画は、ほとんど無能という評価だったのではないだろうか。

第28話

大爆撃作戦ナイアガラ

ケサン基地攻防戦における大規模空爆

太平洋戦争中の1944年6月から終戦までに、日本本土に投下された爆弾の量は、戦略爆撃機B-29によるもの、45年初頭から始まった空母の艦載機によるものを合わせて16万トン前後と言われている。

またドイツ本国、そして占領下にあったフランスには、この十倍の爆撃が実施されている。資料によって異なるが、160～180万トンなのである。

しかし投下された地域の面積、そしてその期間を考えると、もっとも激烈な大爆撃は、1968年1月末からの77日間、ベトナムのケサン基地攻防戦のさいに行われている。

この規模はまさに空前絶後であり、世界の歴史において二度と繰り返されることはないと考えられる。

ベトナム戦争は1961年から75年にかけて続いたが、もっとも激しい戦いは1968年の1月末からの3カ月であった。

解放戦線と北ベトナム軍は、テト（旧正月）にあわせて大攻勢に出、南ベトナムの大部分の地域で激戦が展開された。なかでももっとも世界の注目を集めたのが、北緯17度線近くにあるケサン基地の攻防戦であった。

4つの高地に囲まれたこの基地には、アメリカ海兵隊を中心とする6500名の兵士が立てこもっていた。

北正規軍は、それぞれ1万名からな

28-1. 出撃準備中のB-52爆撃機

る2個師団を投入、さらに1個師団を予備としてケサンの占領を狙う。

もしこの基地を奪取できれば、世界はインドシナ半島における共産側の力を思い知ることになるからであった。それはかつてのベトミン軍対フランス軍の、ディエン・ビエン・フー攻防戦と酷似していた。このインドシナ戦争の天王山でフランス軍は敗れ、ベトナムから立ち去らざるを得なかったのである。

当然、アメリカとしては国家の誇りをかけて、ケサンを守り切らなくてはならない。

状況は充分に理解しているのだが、テト攻勢に対抗するために地上兵力が大量に必要で、増援部隊を派遣するだけの余裕はなかった。

28-2. 爆弾満載で離陸するF-4ファントム

なにしろこの戦場の敵兵力は四倍なのである。

そこでアメリカは持てる航空戦力を総動員して、空から基地を防衛する決断を下した。

空軍、海軍、海兵隊に加えて南ベトナム空軍まで集中させ、大量の爆弾の雨によって、包囲している北正規軍を壊滅するのである。

また基地の海兵隊への補給は、すべて航空機によって行う。

戦場の面積は16キロ四方、その中にある1200m滑走路を中心に3キロ四方がケサン基地である。

この史上最大の爆撃作戦には、「ナイアガラ」というコードネームが付けられた。文字通り、大量の爆弾をこの大瀑布のように投下する。

爆撃は1月末から始まり、まずB-52が、外側を包囲している北軍を攻撃した。

この戦いで巨大な爆撃機は延べで2700回出撃している。これは1日当たり35機、投弾量は1000トン近い。

また77日にわたる戦いにおける投弾の総量は、実に8万900トンに上った。

北ベトナム軍は密林を利用し、また地下壕を掘って爆撃に備えたが、B-52を撃墜できる対空火器を持っていなかったので、ひたすら耐え忍ぶのみであった。このことは次第に北の兵士の士気を挫いていった。

また空軍、海軍、海兵隊のF-4ファントム、F-105サンダーチーフ、A-4スカイホーク、A-1スカイレイダーなどの戦術軍用機は、連日出撃し、近接攻撃を行った。

特別な悪天候でないかぎり、多い日には1日200機が、海兵隊の陣地に接近をはかる北ベトナムの歩兵部隊を爆撃する。

時には海兵隊の50m前方の地点を爆撃することさえあった。このため数は

28-3. ナパーム弾（燃焼爆弾）の爆撃

少なかったが、誤爆による死傷者も記録されている。

また輸送機、ヘリコプター部隊は延べ1200回を超える輸送を行った。このさい北側によって、26機が撃墜された。

その一方で戦闘機、攻撃機に対する対空砲火は非常に微弱で、損害は少なかった。

この理由は、いったん高射砲のような大型の対空火器が発砲されれば、すぐにその場所に集中的に爆撃が行われたからである。

戦いが始まって77日目の4月8日、包囲していた北ベトナム軍は突然一斉に退却し、戦闘は終了する。

投下爆弾の総量は11万4000トン、つまり1日あたり1400トン前後が、16キロ四方という狭い場所に投下されたことになる。しかも爆撃機の損失は4機と少なかった。また基地の海兵隊の戦死者、重傷者は1100名となっている。

これに対して北軍の死傷者は1万名をはるかに超えている。これは当然で、爆撃する航空機を阻止する手段がないまま、一方的に打たれ続けたからである。

28-4. 着陸する巨大なB-52

ともかく参加兵員の1/3が死傷し、しかも基地は占領できなかった。

のちに北ベトナム軍の高官は、

- 数千名の犠牲を覚悟して、ケサン基地を強引に占領する
- 包囲の範囲を広げ、兵員の分散をはかり、損害を削減する
- ディエン・ビエン・フーの再来の実現にとらわれず、早めに部隊を撤収させるべきであった

と述べている。

このようにケサン基地はアメリカ軍の手に残ったが、それを維持するには莫大な労力が必要とあって、結局半年足らずのうちに放棄された。

現在のケサンには、ナイアガラ作戦の痕跡はほとんど残っていない。

ただ延々と続くブドウ畑が広がっているだけなのであった。

第29話

ビール樽、アフリカへ

J-29とスウェーデンのジェット戦闘機

世界には180を超える国と民族の集団があるが、そのなかでも特筆に値する国の一つがスウェーデンである。

スカンジナビア半島の大西洋側にあって、人口は990万人、我が国と同じ立憲君主国である。

教育、福祉、経済、技術の分野で、この国は非常に高い水準にあり、国際的にも評価されている。またスイスなどと同様に中立国であるが、軍事的には極めて強力な陸、海、空軍を保有している。

陸軍は105㎜砲を装備しながら無砲塔という画期的なS型戦車、海軍はステルス性を有するビスビュークラスの新型コルベット（小型護衛艦）を自主開発により量産、配備に至っている。

さらに我々がスウェーデンに興味を持つのは、この国が小国ながら独自の航空工業をもち、他国とは明らかに異なるジェット戦闘機を次々と誕生させている点である。

現在、エンジンを輸入に頼ったとしても、ジェット戦闘機を自国で生み出せる国家は多くない。この兵器は、それだけ技術の集大成なのである。

ところがこの国のサーブ航空機工業は、次の戦闘機を送り出している。

- J-29トゥンナン
  1948年9月初飛行　661機製造
- J-32ランセン 52年11月 450機
- J-35ドラケン 55年10月 615機
- J-37ビゲン 67年2月 331機
- J-39グリペン 88年10月 250機

29-1. まさにビール樽！ J-29トゥンナン

人口1000万人に満たない国が、戦後に独自開発のジェット戦闘機を、5機種合わせて2300機も量産、配備している事実には驚嘆のほかはない。

振り返って我が国は、練習機T-1、T-2、T-4を合わせて378機、戦闘機F-1、F-2合わせて171機、つまり合計してもわずかに549機しか製造していない。

これだけを見ても、スウェーデンの航空工業の凄さが理解できる。しかもこれらはいずれも、その時代の最先端をいく高性能機であった。

繰り返すが、すべてが自設計、自国による生産と配備なのである。

さて、それではこの国の戦闘機の実戦における評価はどのようなものになるのであろうか。

中立国であるスウェーデンは戦後70年間に、一度だけ戦闘を交えている。そしてその戦いに、最初のジェット戦闘機サーブJ-29が参加しているので、その状況を見てみよう。なお本機には「トウンナン」という名が与えられているが、これはビール、ぶどう酒の熟成の

29-2. 空戦を交えたフーガ・マジステール練習・軽攻撃機

さいに用いられる木製の樽の意味である。

J-29の外観を見れば、この呼び名は誰でも納得できる。コクピットの下側にエンジンが付いているので、否応なく樽というか、魚のフグの姿そのものを思わせるのであった。

さて、ビール樽が実戦に参加したのは、遠いアフリカの奥地であった。1960年代の初め、ベルギーの植民地であったコンゴが独立するが、それを待っていたように複雑な動乱となる。

部族、宗教の違い、西側世界への反発に加えて、独立に反対するベルギー軍の兵士が傭兵となり、各地で武力衝突が頻発、さらにそれは虐殺事件へと発展した。

国連はすぐに平和維持軍を編成して現地に送るが、同地に乗り込んだスウェーデン出身の国連事務総長が不可解な事故死を遂げるなど、混乱は一向に収まらなかった。

ここにスウェーデンは更なる要請により、歩兵9個大隊7000名と、J-29の第22飛行隊の11機を送る。

当時、コンゴのそれぞれの勢力にはアメリカ、ソ連からかなりの武器が供与されており、紛争を止めようとする国連軍部隊はひっきりなしに攻撃を受ける。

派遣されていた中隊規模のアイルランド部隊が包囲され、一時は全滅が心配されるほどであった。

第22飛行隊のトゥンナンは、到着すると間もなく、8発のロケット弾、4門の20㎜機関砲を駆使して、強力な衝突阻止活動を展開する。

燃料、弾薬の補給もままならない状況で、1週間あたり150回も出撃している。

しかし現地の勢力、とくにコンゴ政府軍は多くの対空火器を持ち、首都レオパルトビル（のちのキンシャサ）への攻撃のさいには、4機が損傷を受けるほどであった。

また政府軍はフランス製のフーガ・マジステールジェット練習機3機を保有しているが、これは7.7㎜機銃2丁を装備できるよう改造されていた。

そして62年1月、ついにこのマジステールとトゥンナンの間で空中戦が勃発する。武装の威力、性能の大差から、前者は短時間に命中弾を受け、戦場から逃げ去った。

これがスウェーデン空軍機の戦後唯一の交戦となった。

スウェーデン軍はその後も任務を続行したが、動乱は収まらず、国連は撤収を決めた。コンゴの内戦は、半世紀以上経過した現在でも、断続的に続いている。

戦死者は出なかったものの、第22飛行隊の損害は少なくなかった。対空砲火で損傷を受けたJ-29について現地での修理はままならず、ついには爆破処理されている。

最終的には11機のうち、本国に戻ったのはわずか4機にすぎなかった。

それでも中立国スウェーデンは、国連の要請を誇りある国家として受け入れたのであった。

最後になったが、この国は自身が誕生させた航空機に関し、少なくとも常に1機をフライアブルな状態で保存している。J-29もこの例にもれず、航空ショーでは、元気な姿を見せている。

これに比べて我が国のT-1、T-2、F-1の飛行ぶりを自分の目で見ることなど、いまのところ夢でしかないように思える。

いったいこの違いはどこにあるのであろうか。

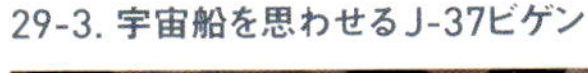
29-3. 宇宙船を思わせるJ-37ビゲン

第30話

アメリカ第8空軍の激闘

シュワインフルトとレーゲンスブルグ

1943年8月、アメリカのイギリス派遣第8空軍は、大量のボーイングB-17爆撃機が到着したことから、ドイツ本土でもっとも重要とされる目標の壊滅を図った。

4月以来、次々と本国から飛来するB-17フライング・フォートレス（空飛ぶ要塞）の数は、すでに500機を数え、

30-1. 出撃前にくつろぐB-17のクルー

乗員の訓練も進みつつあった。

しかもこの年の終わりには、ついに1000機に達するはずである。これらの強力な4発爆撃機は、間違いなくドイツ第三帝国の息の根を止めることができると思われた。

この8月の17日明け方、イギリスのダックスフォードをはじめとする12の基地から、フォートレスの大編隊がドイツを目指して離陸した。

まずA編隊146機が離陸、次にB編隊230機がそのあとを追う。

A編隊の目標はドイツ東部に位置するレーゲンスブルグ市にある、メッサーシュミットの工場であった。ここでは機体の製造と同時に他社の分を含めて、大量の航空機部品を送り出していた。

そしてレーゲンスブルグから北200キロのところには、同じく工業都市としてよく知られているシュワインフルトがあり、ここではドイツ国内で使われるボールベアリングが造られていた。ボールベアリングとは、機械のすべての回転部分に用いられる、鋼の玉のことである。

こちらはB編隊230機が攻撃する。あわせて巨大な4発機376機という大集団が、フランス、ドイツ西部を飛び越えて東部の二つの町を襲う。

これはたしかに勇壮な作戦で、大きな戦果が期待される。

ただしその反面、少なからず危険も考えられた。イギリス本土からの飛行距離は2000キロ以上になり、アメリカ、イギリスの護衛戦闘機は随伴できないのである。

30-2. 爆撃の中心となったB-17

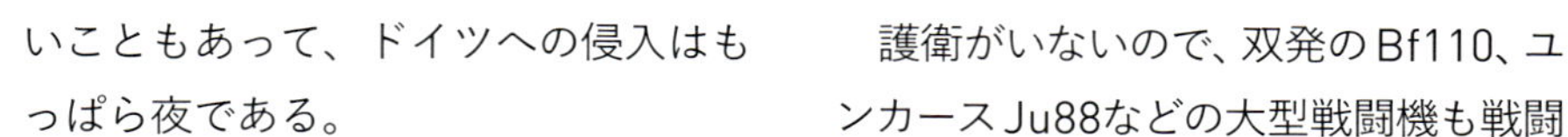

エスコートが可能なのは、せいぜいフランスとドイツの国境付近までであった。またドイツ戦闘機の迎撃を考えると、当然、爆撃は夜間に行うべきであると考えられた。実際のところ、イギリスのアブロ・ランカスターは巡航速度が遅いこともあって、ドイツへの侵入はもっぱら夜である。

しかし第8空軍の爆撃機は夜間飛行を想定しておらず、白昼の攻撃となった。

繰り返すが、

- 長時間にわたる敵地上空の飛行
- 護衛戦闘機を随伴せず
- 迎撃戦闘機、対空砲火の活動が活発な白昼の進撃と爆撃

と非常に不利な条件であるが、作戦は決行された。

B-17の大編隊がドイツ国境に差し掛かると、それまでエスコートしてきた戦闘機は、翼を振り去っていく。このあと爆撃機を守るのは、自分自身のみである。

間もなく猛烈な対空射撃が開始されるが、アメリカ軍爆撃機は決められた通り東部の目標を目指す。

高射砲が沈黙すると、次はメッサーシュミットBf109、フォッケウルフFw190が接近してきた。

護衛がいないので、双発のBf110、ユンカースJu88などの大型戦闘機も戦闘に参加する。

ドイツ側の迎撃はこの繰り返しで、A、B両編隊を悩ませ続けた。

目標が近づくと、ドイツ戦闘機は2機がひと組になり、B-17の射撃手を混乱させながら数十mまで接近し、20㎜機関砲の連射を浴びせかけた。

とくに高射砲弾で傷ついていたB-17は、この攻撃に生き残ることは難しかった。

それでもアメリカ軍爆撃機はレーゲンスブルグ、シュワインフルト上空に達し、500ポンド、1000ポンド爆弾の雨を降らせる。

その後、編隊は離脱するが、多くは再びドイツ上空を通らず南に向かい、地中海を横断しアフリカの基地に着陸している。

このようにしてヨーロッパの戦いでもっとも激しかったと言われた、第8空軍の戦闘は終わった。

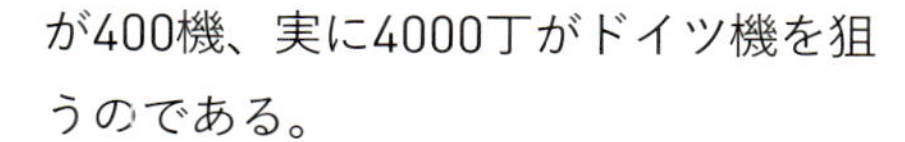

さてこの激闘の決算はどのようなものになったのであろうか。資料によってデータはかなり異なるが、信頼できる数値を挙げてみよう。

- A編隊　被撃墜24機　16.4%
- B編隊　　　　　36機　15.7%　いずれも完全損失のみ

ただし帰還したB-17にも被弾のあとが生々しく、すぐに使用できる機体はわずか20機であったと伝えられている。

一方のドイツ戦闘機隊の損害も甚大で、59機がパイロットとともに失われた。

奇しくも爆撃機1機を撃墜するたびに、戦闘機も1機失われた計算になる。これはB-17が装備していた、優秀なブローニング12.7㎜M2機関銃の有効性を示している。

この作戦に使用されたのはB-17のG型で、この爆撃機は前述のM2機関銃を1機あたり10丁装備している。これが400機、実に4000丁がドイツ機を狙うのである。

また爆撃による工場の被害は、レーゲンスブルグでは機能の半分が失われたが、シュワインフルトでは2割にとどまった。

しかし、もっとも大きな衝撃を受けたのはドイツ空軍であった。いかに多数の対空砲、迎撃戦闘機を動員しようと、アメリカ軍爆撃機の大編隊の侵攻を阻止できなかったからである。3日後、責任を感じて空軍参謀総長のイエショネク大将は自殺している。

しかし強大な戦力を誇る第8空軍にとっても、B-17の大量損失は痛手であった。

それでも10月には230機をもって、大きな損害を与えられなかったシュワインフルトを再度攻撃している。今回の爆撃の効果は著しく、ベアリングの生産量は大幅に減少した。

その反面、相変わらずドイツ側の反撃は凄まじく、撃墜されたB-17は前回と同様60機！

やはり空の要塞と謳われた大型爆撃機にとっても、シュワインフルトの名は、鬼門だったのである。

30-3. 200機で迎撃したFw190戦闘機

第31話

セイバーvsミグ

朝鮮半島上空の一騎打ち

ある面で戦争とスポーツには似た部分がある。それは好敵手／ライバルの存在である。

太平洋における零戦対グラマン(F4F、F6F)、ヨーロッパ戦線のスピットファイア対メッサーシュミット(Bf109)といった具合である。

しかし空の戦いで、本当の好敵手と言い得るのは、朝鮮戦争におけるノースアメリカンF-86セイバーとミコヤン・グレビッチMiG-15ファゴットの戦いであろう。

当時にあってこの2機の戦闘機は、アメリカ主導の西側陣営と、世界に勢力を伸ばしつつあったソ連共産主義陣営の、それぞれ代表選手と言える。

初飛行は共に1948年、そして実戦参加は50年の秋ということになる。

同年の10月まで、朝鮮半島の空を席巻していたのは、アメリカ空軍のF-80シューティングスター、F-84サンダージェット、海軍のF9Fパンサーといったジェット戦闘機であった。

しかし11月に入ると鋭い後退翼と俊敏な運動性を有し、赤い星をつけた見慣れぬジェット機が登場してきた。と同時に、直線翼の戦闘機はもはや時代遅れとなった事実を痛感させられることになる。

これこそミグ15ファゴットで、この出現はアメリカを心底から驚かせた。

資本主義の雄アメリカは、自分たちの航空技術こそ間違いなく世界最高である、と信じていただけにその衝撃は大きかった。

このため、急ぎ新鋭のF-86をこの戦場に投入、この時から1953年6月の休戦まで、セイバーとミグの死闘は繰り返される。

悪荒天が続かないかぎり、両者の空中戦は日常茶飯事となり、撃墜、被撃墜が積み重ねられていく。

セイバーはミグと比べると多少大きく、かつ重い。また各種の装備に優れ、地上からの支援体制も充実していた。

他方、ミグは小さく、軽く、運動性はセイバーを上回っている。この状況は第二次大戦時の零戦と、海軍のグラマンF4F、陸軍のP-40キティホークとの違いに良く似ている。

そういえば零戦、ミグ15ともに、戦争が終わった後、英語の辞書にその名を残すことになる。

さてこれら2種のジェット戦闘機が、互いにほぼ等しい機数で空中戦を展開した例は非常に少ない。

しかし皆無ではなく、1950年12月末に、セイバー16機とミグ15機が38度線の南側で、20分以上にわたり激しく戦った。このさいには突然の接敵で、単機同士の戦いとなった。

結果としてアメリカ側がミグ6機を撃墜したが、1機を失っている。

終戦までのセイバーとミグの戦いの結末、いわゆるキル・レシオは、長い間アメリカ側の792機撃墜に対して損失78機、つまり1対10とされてきた。しかし近年では243機と78機で、1対3程度が真実に近いという研究もある。

さらに戦闘の後半、義勇パイロットが参加したソ連軍の報告では、ソ連側から見て撃墜243機、損害222機となっ

31-2. 複座型のMiG-17UT。これもフライアブル

ている。ただしこれはセイバー以外の国連軍機の撃墜数も含んでいるようで、正確な数はつかみにくい。

　ともかく共産側の操縦士は、北朝鮮、中国義勇軍、ソ連義勇軍の所属であるから、共産側としてもすべてを合わせたセイバーとミグの撃墜数と損害の詳細は分からない。とくに戦争の後半では、空中戦になったとしても互いに少しでも態勢が不利になると、セイバーは急降下で、ミグはズームアップ上昇で、戦闘を回避するようになる。これではなかなか激しい空中戦は成り立たなくなるのであった。

　ただいろいろな資料から、やはりセイバーの勝利は確実で、先のキル・レシオ3～4が正しいとみるべきだろう。

　この最大の理由は、発射速度の大きいM2機関銃（12.7㎜機関銃。保有弾数はそれぞれ200発）と、組み合わさ

31-3. 珍しい黒と白のベルトを描いたF-86A

れるMA-2型射撃照準器にあるように思える。

ミグの37㎜、20㎜機関砲は、その砲弾が命中すれば威力は大きいが、発射速度が小さく、保有弾数も40発と80発で少なかった。

またAPG索敵レーダー、PS距離測定レーダーからなるMA-2システムのような高性能なレーダー付き照準器をもたないことは、ミグにとって大きなマイナスであった。

アメリカ軍のエースとして名を馳せたJ・L・マッコーネル少佐は、愛機〝美しき乱暴者〟を駆使して16機のミグを撃墜しており、この照準器を高く評価している。

またレーダーによる地上からの空中戦の支援も、勝利への重要な鍵となる。

アメリカ側は、確保したもっとも前線に近い飛行場からのレーダー支援を怠らなかった。

それにしても戦闘機の速度が向上するにつれ、敵機の撃墜は難しくなっていく。

たとえば太平洋戦争のエースである、R・ボングのそれは40機、朝鮮戦争ではマッコーネルの16機、そしてベトナム戦争ではR・カニンガムの5機である。

もちろん戦争、戦闘の状況が大きく異なり、簡単に比較することはできないのだが。

また使用する兵器も機関銃から空対空ミサイルに代わっている。こうなっては、今後は空中戦のエースなど、どのような戦争でも出現しなくなるのではあるまいか。

31-4. トップエースであったJ・マッコーネル少佐の愛機のキルマーク

ともかく空中戦の勝敗は、戦闘機の性能よりも搭載している電子機器とミサイルによって決まってしまう時代である。

このように考えると、第一次大戦から続いてきたなんとなく騎士道の匂いを持つ〝エース〟という言葉は、死語になりつつあると考えるべきなのである。

第32話

空中強襲師団の敗北

ラムソン719作戦における大規模ヘリボーンの失敗

現在、多くの例外はあるものの原則的に各国の軍隊では、固定翼機は空軍、回転翼航空機／ヘリコプターは陸軍が運用している。

そのなかでヘリコプター部隊としてもっとも強力な戦力は、アメリカ陸軍の第101空挺師団であろう。

この師団には別名〝空中強襲〟の名が与えられている。そのシンボルマークであるスクリーミング・イーグル（叫ぶ鷲）を、世界中の軍用ヘリ関係者で知らぬ者はない。

兵員数は1.8万名、車両1100台、戦力を構成するヘリコプターは900機に達する。

自衛隊唯一のヘリ専門部隊である木更津基地の第1ヘリコプター団の保有機数は、その10％でしかない。

この101の歴史は第二次大戦に遡るが、1971年2月に行われたベトナムとラオス、カンボジア国境で行われた戦闘は、大戦中のそれよりも数段激しいものとなった。

このころアメリカ軍と南ベトナム軍は、北ベトナムから南への補給路であるホーチミン・ルート（正しくはホーチミン・トレイル）の遮断に全力を挙げていた。

北側は兵站（へいたん）補給のために、国際法上踏み込めないはずのラオス、カンボジア領内のルートを使っていたのである。

アメリカと南ベトナム軍はそれまで自制していたが、ついに国際法を無視して、補給路を遮断、破壊しようと試みた。

当時にあって地上戦は南軍、航空支援はアメリカ軍という役割分担、いわゆるベトナミゼーション（ベトナム化）が進んでいた。

この「ラムソン719作戦」でも同様で、2〜3万名の南軍が地上戦を、第101空挺師団が輸送、アメリカ空軍が航空支援と担当を決めていた。なおこの作戦名は、ベトナムの古代の戦いから名付けられている。

2月8日から大規模なヘリによる南軍の輸送が開始され、海兵師団、特殊作戦団といった最強の兵士たちが、主としてラオスの密林に降下した。

この地、ラオス南東部は濃密なジャングルがほとんどで、その中に時々草原が現れるといった地形である。

それからほぼ2週間、作戦は順調に進行し、多くのルートが破壊あるいは封鎖されている。

3月の初めには60機のAH-1コブラ攻撃ヘリコプターのエスコートを受けたUH-1イロコイ汎用ヘリ250機が、さらに奥地へとヘリボーン（ヘリコプターによる侵攻）を実施している。

しかし問題はそれ以後であった。相手は解放戦線のゲリラ部隊ではなく北の正規軍で、その上級司令部は多くの対空火器を持つ3万名の兵力を送り込んできた。

彼らは鬱蒼（うっそう）たる密林に身を隠し、猛烈な反撃を開始する。

まず多数のZSU対空機銃を持ち込み、アメリカ、南軍のヘリに一斉射撃を浴びせる。

低空を低速で飛行するヘリは、4連装の対空火器の絶好の標的であった。

3月の初めには、連日10機以上の損害が出、とくに大型の輸送ヘリCH-47チヌークは、戦場から撤収を余儀なくされている。

またF-4ファントム、F-105サンダーチーフなどは、必死にこの対空火器を破壊しようとしていたが、常緑の広葉樹が北ベトナム軍に味方した。

アメリカ兵たちが、〝緑の天蓋(てんがい)〟と呼んだこの密林により、敵兵の姿を見つけることができないのである。

さらに水分を大量に含んだ葉が、爆弾、なかでもナパーム弾の効果を低減する。

ヘリの損害が増えると当然補給品が不足し始め、地上の南軍兵士の士気は急激に低下した。

このような中、北軍は初めてT-54、59式、PT-76といった戦車を戦線に投入した。何カ所かの草原地帯で、南軍を圧迫しようとしたのである。

しかしこのような機械化部隊の活動は、完全に失敗であった。AH-1攻撃ヘリは、ここで本来の能力を発揮し、90台前後の北軍の戦車は数日のうち80%が撃破され、残骸をさらすだけでしかなかった。

それでもすでに戦局は逆転しつつあり、南の兵士は先を争うようにして、前線から離脱していく。

101のヘリ部隊は、彼らを救出しようと努力したが、前述のごとく大型ヘリは使用できず、UH-1では一度に10名程度しか運べない。この戦闘でヘリは20万4000回、7万9000時間も飛行しているが、全体的に見て成功とはほど遠い結果となった。

そのうえ空軍の努力にもかかわらず、

32-2. 榴弾砲を運ぶ大型ヘリCH-53を、AH-1コブラが援護する

32-3. 破壊された北ベトナム軍のT54/55戦車

ルートもすぐに再建している。

敗れたのはアメリカの空輸部隊と、南の地上軍であった。

このラムソン719の状況を見ると、誰の目にも次の2点が明確にわかるだろう。

●このベトナム戦争において、いかにアメリカがテコ入れしようとも、南軍はもはや北軍の敵でないこと

●世界最強のヘリ戦力をもってしても、戦場の地形によっては、その力を発揮できず、多くの犠牲とヘリコプターの損耗を覚悟しなければならないこと

しかし30年後の湾岸戦争では、平坦な砂漠が舞台で、敵側には遮蔽物がほとんど無い状態であった。こうなると強力な空軍の傘の下で、101は持てる力を十分に発揮するのであった。

対空砲の数は一向に減らず、ヘリの損害は極めて大きかった。

作戦は3月末に打ち切られるが、ラオス領内から脱出できず大勢の兵士が北軍の捕虜になったのである。

しかも101の受けた打撃は、信じられないものだった。

実に84機のヘリが撃墜、あるいは完全に破壊され、損傷を受けたものは430機。これはすべての投入数の半分に当たる。このほかに南軍のヘリも、24機がZSU対空機銃の犠牲となった。さらに固定翼機7機も撃墜されている。

戦闘による死者は米兵は300名で、このほとんどがヘリの乗員である。

南軍のそれははっきりせず1500〜4000名、一方、北軍も2000名を超す戦死者を出したものの、戦場を確保し、補給

32-4. もっとも有効な対空火器であるZSU14.5㎜四連装機関銃

第
33
話

〝鷲の日〟アドラーターク

英空軍 vs ルフトバッフェ

第二次世界大戦は1939年9月に勃発しているが、本格的な戦闘は翌年の初夏になってからであった。フランス、デンマーク、ノルウェーがナチスドイツの軍門に下ると、当然次は英仏海峡を隔てた大英帝国との戦いになる。

総統ヒトラーは、ドイツ空軍／ルフトバッフェのみでこの国を制圧できると考え、8月13日より大規模な空爆を開始する。

このさい彼は、この攻勢を「鷲の日(アドラーターク)」と名付けた。

占領したスカンジナビアの基地から、ハインケルHe111などの爆撃機を、フランスからは戦闘機メッサーシュミットBf109、同Bf110およびユンカースJu87急降下爆撃機を発進させ、イギリス本土の重要拠点壊滅を図った。

その数は爆撃機1260機、戦闘機1030機という大戦力であった。

これに対してチャーチル首相は徹底的な抗戦を命令し、1240機のホーカー・ハリケーンおよびスーパーマリン・スピットファイアなどで迎撃する。

これは「英国の戦い バトル・オブ・ブリテン（BOB）」として、戦史に残ることになる。

このBOBは延べ4カ月にわたるが、その山場は8月13日から9月15日までのひと月であった。

イギリス側の不安は、その戦闘機にあった。新鋭のスピットの配備数はまだ350機にすぎず、残りは旧式化しつつあるハリケーンである。

このような状況で戦いは始まり、初日から激烈な空中戦がロンドン上空で展開される。最初の3日間で、爆撃により市街地に被害が出たが、空中戦の勝利はイギリス側にあった。13機の損失に対して、撃墜したドイツ機は45機。

しかもその大部分は爆撃機である。戦闘機は単座、爆撃機には4～5名乗っているので、乗員の戦死はそれぞれ10名と140名であった。

ルフトバッフェは爆撃の目標に、ロンドン、ポーツマス軍港、工場地帯などを選んでいる。この選択の基準に関しては、はっきりしたものはなく、前線司令部が闇雲に選んだように思える。

戦闘が激化するうちに、ドイツ軍の弱点が現れた。まず双発戦闘機Bf110は駆逐機などという威勢のいい名前が付けられていたがあまりに鈍重で、スピットはもちろん、ハリケーンにも簡単に〝駆逐〟されてしまった。

サイレンの音を響かせて急降下するJu87も、ポーランド、フランスの戦闘と違ってイギリス軍戦闘機の格好の的になるばかりであった。

たしかにイギリスは、ドイツ軍の空襲の前に押され気味であったが、日々それなりの戦果が挙がっていたこともあって、高い戦意のもと戦い続ける。

9月に入り、戦闘はますます激しさを増したが、少しずつ戦況は変わる。

英国を襲うドイツ機の数が減り始めたのである。そして15日に行われた大規模な空襲を最後に、あとは少数機による攻撃だけとなった。

BOBはイギリスの勝利に終わり、大英帝国は危機を脱したのである。

33-2. 液冷エンジン付きのハインケルHe111

33-3. 出撃前に話し合うドイツ軍パイロットと整備員

2400機を投入しながら、ナチスドイツは第一次大戦と同様に、宿敵を倒すことはできなかった。

最終的にスピット、ハリケーン合わせて915機が失われたが、1730機のドイツ機を撃墜している。

もっともこれ以外に、地上で撃破された英国機は100機前後と考えられる。

この数字から空中戦のキル・レシオは2であるが、実質的な損害となると、ドイツ側では戦闘機もあるにはあったが大部分は爆撃機だったので、乗員の数で1対6、軍用機の質量換算では1対8近くになる。

これではさすがのルフトバッフェも、耐えられるものではなかった。それでは、このようなイギリス空軍の勝利のカギは、何処にあったのだろう。

これは意外に明確に判明している。

最初に挙げられるのは、実用化されたばかりのレーダーの存在である。ドイツ編隊の来襲を正確に予測し、戦闘機を効率よく誘導している。

次に、最新のスピットを敵の戦闘機に、旧式のハリケーンをもっぱら爆撃機にぶつけるという戦略が見事に成功した。

そのうえ自国の上空で戦うという有利さを最大限活用した。

一方、ドイツ側から見た最大の敗因は、主力戦闘機メッサーシュミットBf109の航続距離／滞空時間の不足であった。この戦闘機の航続距離はわずかに700キロ、つまり零戦の30％に過ぎなかった。

フランスを離陸し英仏海峡を越えてしばらく飛ぶと、もう帰還のための燃料を心配しなくてはならない。BOBに登場したメッサーはＥ型で、これは増加燃料タンクを全く装備しないタイプであった。

したがってロンドン上空で戦えるのは、10分程度と言われていた。

これを知っていたイギリス戦闘機は、撃墜できなくてもしつこく纏（まと）わりつき、空戦の時間をできる限り引き延ばせばよい。敵機はすぐに燃料不足に陥るのである。このような理由から、帰投時に英仏海峡に不時着するメッサーが続出した。

未帰還機の半分は、撃墜されたのではなく、この理由によって失われたのである。

軍事科学の先進国であったドイツも、この面では主力戦闘機の零戦に最初から増加タンクを装備させていた日本海軍より明らかに研究不足、と指摘されても仕方がないところである。

このほか、爆撃の目標の決定に関して、きちんとした優先順位が付けられず、その効果が曖昧なままであった。

さらにドイツ軍の爆撃機のすべてが、米英の4発大型爆撃機に比べてかなり脆弱(ぜいじゃく)であった。これは日本の陸海軍爆撃機についても同様である。

BOBに敗れたドイツの、英国を支配下に置こうとする夢は完全に消え去ったのであった。

当時の首相チャーチルはBOBの戦闘について「戦史の上で、これほど多くの人々(イギリス国民を指す)が、これほど少数の人々(スピット、ハリケーンのパイロットたち)に救われた例はない」という最大限の賛辞を表明している。

なおイギリスには、現在でもバトル・オブ・ブリテンという民間団体があり、国内の航空ショーには必ず、所有するスピットファイア、ハリケーン、そしてアブロ・ランカスター爆撃機を飛行させているのである。

33-4. 迎撃するスピットファイアとハリケーン

第34話

戦場における軽飛行機

FACの誕生とその世界

34-1. 初期のFACである
パイパーL-4グラスホッパー

戦場上空に現れるのはまず戦闘機、爆撃機、攻撃機がほとんどで、たまに偵察機、そして輸送機といったところである。各種の回転翼航空機を別にすれば、これで全てといってよい。

しかし第二次大戦の終わりの頃から、2種の軽飛行機が戦線に登場する。

●イギリス陸軍　ブリティッシュ・テイラークラフト・オースター

●アメリカ陸軍　パイパーL-4グラスホッパー

どちらも高翼単葉単発で、2人乗り、エンジン出力は150馬力程度と、まさに少々旧式な、しかし極めて安定性の高い軽飛行機であった。

これらは最初、近距離の連絡機として使われていたが、連合軍がドイツ本土に侵攻した1944年の夏から、別な任務に就く。

それはよく知られているように、砲兵部隊の弾着観測である。大口径砲の射程は30キロを超すから、砲弾の命中精度を確かめるため、観測機がどうしても必要なのである。

低空を低速で飛ぶこれらの軽飛行機は、次第になくてはならない存在となっていった。

また前線で使用してみると、敵軍の動向を察知するのに非常に有効であることがわかった。

高空を高速で飛翔する〝本職の偵察機〟とは、全く違った役割を果たす。弾着地点を報告するための無線を装備しているので、それを活用し敵軍の位置、攻撃してくる方向、それに対処するため移動する友軍への情報伝達など、本

来の任務を上回る活躍を見せたのである。ここに、それまでにはなかったFAC（前線航空管制）が生まれた。

そのような中で、5年後には朝鮮半島で再び戦争が始まった。

この戦争は1000日にわたり、北緯38度線を巡って戦われたが、航空攻撃に関しては、アメリカを中心とする国連軍が圧倒的に優勢だった。

共産側の爆撃機、攻撃機が出動してくることはほとんどなく、もっぱら国連軍機が地上の敵を叩く状況である。

このさい連日、前線に現れたのがノースアメリカンT-6テキサン練習機改造のFAC機である。

危険ではあるものの、味方から目立つように黄色に塗られ、陸軍、海兵隊の地上部隊、そして空軍と連絡可能な無線機も搭載している。

T-6は自衛隊でも練習機としてかな

34-2. 朝鮮戦争初期のFACであったT-6テキサン

りの期間使われているが、信頼性が高く、また運動性も充分な傑作機であった。さらに非常に頑丈で、前線の飛行場からも発着できた。

朝鮮半島独特の低い山や深い谷間を縦横に飛び回り、敵軍の動きを伝える。必要とあれば、すぐに爆撃機、攻撃機を呼び寄せ、敵に打撃を与え、場合によっては味方の危機を救う、といった活躍ぶりである。

しかし1960年の中頃から本格化したベトナム戦争では、この役割はセスナL-19バードドッグに代わった。L-19とは写真からもわかる通り、我が国でも新聞社や操縦練習に多数が使われた、セスナ170軽飛行機の軍用型である。

バードドッグは原則的に非武装で、敵軍を発見したときには無線で戦闘爆撃機や攻撃ヘリに通報する。

それらが到着すると、敵のいる場所へ発煙ロケット弾を撃ち込み、位置を知らせる。攻撃編隊はその煙を目標に、銃爆撃を行う。

南ベトナムの大部分は深いジャングルなので、高速のジェット機ではなかなか敵の兵士を見つけられない。この点、低空を飛ぶFAC機なら可能であった。

ある操縦士は、敵を発見、通報してもなかなか爆撃機が来ないことに焦り、護身用のM-16ライフルで掃射を実施したこともあった。

「猟犬（バードドッグ）」という名のとおり、FACの役割を十分に果たしてきたL-19だが、1968年のテト（1月末の旧正月）あたりから、次第に前線から引き上げられる。

これは解放戦線軍、北ベトナム正規

34-3. こちらはベトナム戦争時のL-19バードドッグ

軍の対空火器が充実し、全く装甲を持たない軽飛行機では撃墜される機体が続出するからであった。共産側としても、目障りな頭上のFACを早く撃ち落とさないと、すぐに攻撃隊を呼び寄せるから必死であった。このようにして軽飛行機を用いるFACは、ベトナム戦の激化とともに姿を消したのである。

代わってこの任務に就いたのはMD・OH-6カイユース観測ヘリコプターであった。

それでも強化された敵の対空火器は脅威であり、FAC自体が装甲と攻撃力を兼ね備える必然性が叫ばれ始めた。

この要求に応えたのが、ロックウェルOV-10ブロンコで、双発双胴、20㎜、7.6㎜機関銃を持ち、最大2トンの爆弾を搭載できる。

まさに第二次大戦時の爆撃機並みの攻撃力であり、2機1組のブロンコがいれば、わざわざ爆撃機を呼び寄せる必要がなくなった。

地上の部隊にとって、本当に頼りになるFACだが、旧日本陸軍にはこのような発想はなかったのであろうか。

実は名前こそ前線航空管制ではないが、役割としてはほとんど同じ任務を遂行する航空機があった。

それが立川98式直接協同偵察機（キ-36）で、直協機と呼ばれた。この意味は、地上部隊に〝直接〟協力するということである。

本機は中国、南方戦線で、歩兵と密接に連絡をとりながら行動し、極めて高い評価を受け、実に1400機近い製造が行われている。地上で戦う兵士にとって、頭上に味方機が滞空していれば、なんとも心強いのは当然である。

34-4. 殺傷力はもっていない発煙ロケット弾

もっとも98直協には大きなマイナス点もあった。それは無線による連絡ができなかったことである。当時の日本軍は、この分野が大きく遅れており、直協からの連絡は、金属の筒を用いる通信筒に頼るしかなかった。

この時代、アメリカではすでに飛行機は当然として、警察のパトロールカーにも無線機が搭載されていた事実を知ると、少々残念に思われるのである。

第
35話 ステルス機を撃墜できるのか

F-117ナイトホークの場合

世の中でステルス、つまり〝見えない〟航空機や軍艦が注目され始めたのは、いつ頃からなのであろうか。

英語のスペリングはstealthで、これは密かな話、内密な行動などといった意味である。日本語訳としては、隠密、あるいは隠密行動であろう。

新しい言葉のようだが、一気に広がったのはロッキードマーチン社が開発したF-117ナイトホークの存在が明らかになってからである。これは1990年のことであった。

F-117の初飛行は1981年6月18日であるから、いまから35年以上も前のことであり、決して新しい技術とは言えない。

本機は64機しか造られていないから、それほど有名になるはずはないのだが、1991年の湾岸戦争で大活躍し、しかもアメリカがそれを大々的に報道したため、ステルスという言葉が世界中に広まったのである。1989年のパナマ侵攻にも出撃しているのだが、不思議なことにこのときの注目度は低かった。

F-117ナイトホークはステルス機の増加試作の意味も持っていたようで、他の戦闘用機材と比較すると、性能的にはかなり低い。全備重量23トンと中型ながら、爆弾搭載量はわずか2トンにすぎない。速度も0.85M程度である。あくまでもステルス性重視の設計であっ

35-1. コソボ紛争で撃墜されたF-117ナイトホーク

た。

さて、レーダーが発達している現在、どのような方法で隠密性を確保しているのだろうか。

詳しい技術は専門書に任せるとして、簡単にいえば、レーダーの電波を拡散させること、完全ではないが電波を吸収する塗装を施していることである。

とくに前者の場合、電波をそれが発射された方向に戻さないよう、複雑な面によって機体が構成されているのがわかる。そのうえ最新鋭機でも、構造材の一部にはレーダーに反射しにくい木材が使われている。

さらにジェットの噴射熱をできる限り少なくし、赤外線による探知もされにくく設計されている。

ナイトホークの写真を初めて見た研

35-2. 最新のステルス爆撃機ノースロップB-2スピリット

究者、航空ファンなども、その異様な外観に驚きを隠せなかった。

このあとF-22ラプター、F-35ライトニング、B-2スピリットなどのステルス機が登場しており、またB-1ランサーも同様である。

それではステルス機は完全にレーダーから逃れることができるのか、そうであれば絶対に撃墜されないのか、このあたりを探ってみよう。

まさに軍事技術のなかにあって、正確なところはわからないのだが、F-117が撃墜された唯一の例を見ていきたい。

1999年3月27日、コソボ紛争に参加していたナイトホーク〝ベガ31〟が、セルビアの首都ベルグラード近郊で地対空ミサイルによって撃墜された。2発のSA-3ゴアミサイルが発射され、そのうちの1発の直撃を受けたのであった。

パイロットは脱出し、捕虜となったが、のち解放されている。このベガ31の残骸は、現在でもベオグラードの航空博物館で見ることができる。

では、ステルス機は、どのような手段によって撃墜されたのだろうか。

このF-117は数日にわたって、連日のようにほぼ同じコースを辿って飛来し、同様に帰投していった。敵側は、レーダーでは明確に捉えられなかったものの、通常のジェット機よりもかなり低速でやってくる航空機に気づいていた。

たしかにナイトホークの最高速度は900キロ、巡航では700キロ前後と、とくに高速ではない。もちろん夜間の来襲で、対空砲の射程外であった。

そして6日目、迎撃側は機種もわからないまま、それらしき飛行体にミサイルを発射し、それが直撃したというのである。

この説明が事実であると仮定する。

● ステルス機であろうと、全くレーダーに探知されないわけではない

第35話

●その性能を過信して毎日、同じ速度、高度、ルートで飛べば、必ず発見される
●その一方で、すぐに迎撃されなかったことから、ステルス効果はそれなりに有効であった

結論として、あくまで最新の、たとえばB-2スピリットの場合は不明だが、F-117程度であれば「探知しにくいが、不可能ではない」という結論でよいのではあるまいか。

ここであまり科学的とは言えないが、ステルス性の限界を示す話題を付記しておく。

現在、我が国では渡り鳥の行動を調査するため、レーダーを使用している。対象としている鳥は、小型の猛禽類のミサゴなどである。カラスより多少大きな鳥だが、この鳥の〝わたり〟の時の高度は3000mに達することもある。

金属とは異なり、柔らかい毛に覆われた鳥の移動をレーダーで探知できるのなら、いかにステルス性を持っていようと、数十トン、数百トンの金属の塊である飛行機の探知など容易なのでは、と思われる。

35-3. ロシア製の前線対空レーダー

もっとも隠密性vs探知性能、あるいはステルス機同士の競い合いは、軍事技術に興味を持っている者にとっては、この上もない研究対象で、とくにアメリカのF-22、ロシアのSu-57、中国のJ-20などから目が離せないのである。

そのうえ最近では軍用機ばかりでなく、小型の軍艦、さらには戦車までステルス性を考慮した設計になっているのであった。

第36話

苦い勝利

クレタ島攻略時のJu52と空挺部隊

地中海東部に位置するクレタ島は、東西260キロ、南北60キロの細長い島である。ギリシャとトルコに挟まれた美しいエーゲ海の入口にあり、ギリシャ本土から160キロの距離にある。

第二次大戦がはじまると、イタリア軍はギリシャに侵攻した。しかし兵力、装備とも劣るギリシャ軍によって簡単に追い立てられる。

ドイツ軍が救援に駆けつけ、ギリシャ本土にいたイギリス軍とギリシャ軍の兵士たちはクレタ島に逃れ、その数は約3万名であった。

ここにドイツ軍はクレタの全面占領を企てた。この島のイギリス軍は、ギリシャから撤退するさい重火器を残していったので、占領は問題なく可能と考えていた。そこでドイツ軍は、空挺部隊のみで、1941年5月6日からクレタに襲いかかる。この作戦はどのような理由からか「メルクール（盗賊の守護神）」と名付けられた。

主力は、500機のユンカースJu52輸送機に分乗する2.5万名からなる降下猟兵と呼ばれる精鋭である。

これに協力するのは200機の戦闘機、200機の双発爆撃機、130機の急降下爆撃機で、この頃ルフトバッフェ（ドイツ空軍）の戦力は頂点にあったといえよう。

36-1. 離陸を待つユンカースJu52

なかでもJu52輸送機はドイツ中から集められ、飛行学校の機体さえも投入された。そのうちの80機は、同数のDFS30グライダー（10名搭乗）を曳航する。

またイタリア軍は、水雷艇に守られ

た舟艇で7000名の兵員を上陸させる。

一方、クレタ島の連合軍も、この侵攻を予想し、できる限りの迎撃態勢を整えていた。3万名のうち、2.5万名がイギリス、英連邦軍、5000名がギリシャ兵であった。

さらにエジプトのアレクサンドリアから、戦艦を含む強力な艦隊が島の周囲に展開し、地上軍を支援する。

空挺部隊を輸送するユンカースJu52は珍しい3発の輸送機で、低性能ながら無類の信頼性を持ち、ドイツ兵からは「タンテ（おばさん）」と呼ばれていた。本機は開戦から敗戦まで、同軍の主力輸送機であった。

ドイツ軍支援の爆撃が終わるとともに、タンテの大群がクレタ上空に殺到し、落下傘部隊、グライダーを降下させた。

ギリシャ本土からクレタまでの距離

が近いので、同じJu52が1日あたり3回も往復している。

しかしイギリス側の反撃は凄まじかった。空挺部隊を降下させるためにタンテは低空を低速で進入してくるので、小口径の機関銃でも充分対抗できたのである。

いまでも見ることのできる記録映画では、被弾して次々と撃墜されるJu52の姿が映し出されている。それでもドイツ軍は休むことなく輸送機を送り込んだ。この状況を見るとドイツ軍の上層部は、なにか意地になって空挺部隊を投入しているようにも思える。

もともと空挺は歩兵部隊より、かなり練度が高い将兵から構成されているのが一般的なのである。それでもこのさいの損耗率は極めて高かった。

それでもイギリス軍、英連邦軍は、相手の兵力が限りなく増強されるのを見て、ついにマルタからの撤退を決定する。

待機していた艦隊をイラクリオンなどの港に入港させて、陸上部隊の兵士

36-2. Ju52の3発エンジンと波型の外板

を乗船させ始めた。

これこそ、Ju87スツーカ急降下爆撃機が待ち構えていたチャンスであった。イギリス側の戦闘機がいないので、スツーカは思う存分、英艦隊を叩きに叩いた。

この攻撃で、軽巡洋艦2隻、駆逐艦7隻が沈没、戦艦をはじめ17隻が中破している。

本来ならアレクサンドリアから航空母艦を送るべきだったが、イギリス海軍省は損失を恐れて派遣を見送った。

結局、島にいた連合軍兵士の約半分が撤退できたものの、残りは6月1日に降伏、死傷するか、捕虜になった。

こうして3週間の激戦ののち、クレタ島はドイツ軍のものになる。

しかしJu52輸送機の損害は恐るべき数字となった。本機の信頼性は高かったものの、固定脚で全幅30mという大型機である。しかも最大速度は300キロに満たない。

このため小型の対空火器に対しても脆弱で、クレタにおける損害は撃墜されたもの、被弾し使用不能になった機体が250機に達した。

陸下猟兵の戦死者は6600名、負傷者は1万3000名と、ドイツの空挺部隊はもはや戦力とは言えない悲惨な状態だった。

しかし、なぜドイツ軍は3万名の敵軍が守る島を、空挺部隊だけで占領できると考えたのであろうか。

もしかすると海路上陸するイタリア軍に期待したのかもしれないが、それなら上陸後に空挺作戦を実施してもよかったはずである。

いや、イタリア軍が戦力として頼りにならないことは、先の対ギリシャ戦でもすでに明らかになっていた。

この戦いは、ドイツ軍にとって、あまりに苦い勝利だったのである。このあとクレタ島攻略から終戦まで、ドイツ軍は損害の多い、大規模な空挺作戦を、二度と実施していない。

またイギリス、アメリカ軍は、3年ほどあとに情勢が圧倒的に有利になっても、クレタ島に関心を示さなかった。シシリー島およびイタリア本土に侵攻したさいにも、この島の再占領など試みていない。したがって終戦までクレタのドイツ軍は、日々をただただ無為に送ったのであった。

第
37
話

ヘリコプターvs 複葉機

ベトナム戦争におけるイロコイとコルトの空中戦

クイズというわけではないのだが、戦後の航空史において、もっとも多数製造された航空機を考えてみる。

●軍用機　ミグMiG-15／17戦闘機　1万7000機

●プロペラ機　セスナ172スカイホーク軽飛行機　3万6000機

●軍用ヘリコプター　ベルUH-1イロコイ　1万8000機

●民間ヘリコプター　ベル205シリーズ　1万2000機

それぞれの製造数はノックダウン、改良型もあるので、これらはあくまでも概数である。

さらにそれが複葉機となると、答えを見出すのは難しい。大体、スポーツ用、曲技用、農業用を除いて、戦後に複葉機など大量生産されているのか、という疑問も浮かぶ。

ところがこれには正解があって、それが旧ソ連製のアントノフAn-2である。NATOは本機に「コルト（若駒）」という名を与えている。

調べてみると、An-2型は驚くほど大量に生産され、その数は1万7000機に達する。旧ソ連はもちろん、ポーランド、中国でも造られている。

さらに単発、複葉、固定脚という単純な構造から、連絡、軽輸送、人員輸送、哨戒（しょうかい）などいろいろな使われ方をしている。

1000馬力のエンジンを装備し、全幅18m、全備重量7.5トン、搭載人員12名、最大速度は260キロである。

複葉の単発機としては最大級で、その特徴は使い易さであろう。かなりの不整地でも離着陸が可能で、少々乱暴に扱っても問題はない。

またヘリコプターでは、大量生産、汎用性、頑丈さという意味からアメリカ製のUH-1イロコイも同様で、どちらも数十カ国で使われている。

両者はまさにワークホース（馬車馬）と言ってよいだろう。

次にこのイロコイとコルトが、空中戦を交えるというきわめて信じ難い戦いを紹介する。ヘリと複葉機の戦闘など、まさに航空戦史史上唯一であろう。

舞台はベトナムとラオスの国境付近で、日付は1968年1月25日。ベトナム戦争がもっとも激しかった時期にあたる。

ジャングルに囲まれた狭い台地に、リマサイト85と呼ばれるアメリカ軍の基地があった。基地には数十人のアメリカ兵と山岳民族がいた。

リマサイトの役割は、北ベトナムを睨むレーダーの運用で、これは北爆に向かう米軍機の支援、また北の迎撃機の動向を探知することにあった。

それにしても基地のある場所は周囲を密林に覆われ、地上からの行き来は

37-2. UH-1に取り付けられたミニガンとロケット弾ポット

困難であった。そのため機材の運搬、整備、人員の交代には、当然ながらヘリコプターが使われていた。この日、補給のため2機のイロコイが、リマサイトのヘリパッドにやってきていた。

そのとき突然、星形エンジンの爆音とともに、アントノフAn-2コルト3機が来襲してきた。

いずれも北ベトナム空軍機で、このサイトを目の上の瘤（こぶ）と考え、小さな爆弾とロケット弾で襲ったのである。

大型低性能のAn-2であるが、敵側に戦闘機、対空砲がなければ、時々爆撃機として使われている。このような例は、アフガニスタン戦争の政府軍、イラン・イラク戦争のイラン軍で見られる。またアフリカの内戦などでも珍しくない。まさに汎用機そのもので、それだけどのような任務にも使用できるということだろう。

思ってもいない攻撃に驚いたが、基地には対空火器など皆無である。

そのため2機のヘリは慌てて離陸、コルトに突進した。

他方、3機の北ベトナム機も同様に驚いたはずである。この空爆のさい、迎撃があるとは全く思っていなかったのだから。

リマサイトの上空では、これまで存在したこともない2機の回転翼機と3機の複葉機の空中戦がはじまった。

最高速度ではコルトが有利だったが、旋回性ではイロコイが勝る。しかし戦闘となると、武装の面から大差があった。

ヘリは、7.62㎜のミニガン（三連装の小型ガトリング砲）を装備していたが、コルトは非武装である。もっぱら乗員が、手持ちのAK-47突撃銃で応戦するしかなかった。

空戦は密林すれすれの高度で10分ほ

37-3. 1万7000機も製造されたアントノフAn-2コルト

ど続いたが、このあとの状況は資料によって異なる。しかし、いずれにしてもヘリに損傷はなく、An-2は2機（1機は逃走）ないし3機が撃墜されたとしている。また参加したUH-1は1機のみとしている資料もある。

さて、固定武装のミニガンと比較して、大揺れの機体から自動小銃を発射したところで、命中はほとんど期待できない。

このようにして航空史上唯一の空中戦は、終わりを告げた。なんとも興味深い交戦なのだが、この戦闘はすぐに忘れられた。

なぜなら翌日から、テト（旧正月）攻勢と呼ばれる解放戦線軍、北ベトナム軍の一斉攻撃が、南ベトナム全土で開始されたからである。

引き続きケサン基地をめぐる攻防戦も激化し、小さなレーダーサイトを巡る戦闘に、誰も注意を払うことはなかった。

さて単発複葉の大型汎用機アントノフAn-2だが、現在、緊迫の度合いを深める朝鮮半島ではかなりの数が配備されている。

まず北朝鮮では有事のさい、大規模な特殊部隊を送り込むために、なんと少なくとも150機、多ければ500機を所有している。また韓国軍もおなじ目的から20機を擁する。信頼性に富み、短距離での離着陸性能を持ち、かつ夜間飛行も可能、そしてヘリと比べて爆音の小さなコルトは、このような任務にうってつけと言える。

またロシア、中国では、これまでの星形エンジンに代えて、ターボプロップ化した機体が登場しており、これはAn-3と呼ばれている。したがってコルトは、今後も十数年にわたって使われ続けるものと思われる。

第38話

アメリカの大戦勝利の鍵

スカイトレインとそのカーゴドア

　ドナルド・D・アイゼンハワー元米大統領は、大戦中に連合軍最高司令官を務めた。海軍のニミッツ、ハルゼー、陸軍のパットン、マッカーサー、イギリスのモントゴメリー、フランスのドゴールといった将官とはだいぶ異なり、つねに温厚で、我の強い将軍連中をうまくまとめている。

戦後に至ると第34代アメリカ大統領に就任、〝アイク〟の愛称で永く国民に敬愛された。

彼が、終戦1年後の記者会見において「アメリカが勝利」を手にした理由」を尋ねられた時、「原爆、ジープ、スカイトレイン」と答えた。

アメリカでは原爆とその投下こそ、対日戦の勝利の鍵と考える人々も多い。また小型四輪駆動車のジープは、大戦中だけで54万台も製造され、各地の戦場で偵察、連絡、輸送、軽攻撃、そして救急用として活躍している。したがって記者たちはすぐに納得したが、それでは最後の「スカイトレイン」とはなんだろうと首を傾げた者も多かった。

これはダグラス社が開発した、双発旅客機DC-3の軍用型であるC-47スカイトレインのことである。

ダグラスDC-3は、戦中から1960年頃まで、標準的な旅客機として世界中で広く使われた。戦後の日本で最初の定期路線に就役したのも本機である。

この旅客機は各型あわせて3500機以上製造され、旅客機だけではなく、輸送、観測など多くの用途に使われている。非常に安定性が良く、1935年12月17日の初飛行から80年以上たつ今日でも、150機前後が現役である。

しかし製造数からいえば、軍用型のC-47スカイトレインが圧倒的で、1万3000機余りが造られた。さらにソ連でもPS-84という名称で、2000機が造られている。またイギリスはダコタという名を与えて、1800機を使用した。

これ以外に旅客機型は、日本海軍がライセンスを購入し、〝零式輸送機〟と

38-2. マスタングにエスコートされて飛ぶC-47

して500機近く製造した。これは発動機こそ国産の金星に換装されているが、ともかくDC-3／C-47が航空史上の傑作機であることに間違いはない。

そしてスカイトレインの信頼性と数の多さが、アイゼンハワーをして勝利の鍵と呼ばせたのだろう。

そこで民間型と軍用型の違いを見ていこう。

右ページの写真からもわかるように、軍用型には大きな貨物乗降用の扉が設けられている。ここにスカイトレインの秘密があった。製造工場により多少の違いはあるが、開口部は平均的に長さ3.6m、高さ1.8mもあった。当然、機体もその分補強されている。この扉が、C-47の利便性のすべてと言ってよい。

なぜそう言えるのか、理由を考えてみよう。

戦争に必要なものは、まず弾薬、次に食糧、近代戦では燃料で、これはどの国の軍隊でも同じである。それではその次は、という問いになるが、アメリカ軍の場合、はっきりしており、答えは発電装置である。

アメリカ軍だけではなく、軍隊の近代化が進めば進むほど電源が欠かせない。言うまでもなくレーダーの作動、航空機、車両、無線機のバッテリーへの充電、照明など、電気が使えなければ戦いようがない。

このために移動式の大型発電装置の存在は、必須の条件なのである。

大戦時でも、そして現在でもあまり変わらないが、標準的かつ運搬可能なこのシステムは50〜100馬力のエンジンを内蔵し、出力は200〜400KVA（キロボルトアンペア）、寸法3.3×1.1×1.5m、重量2トン程度となっている。

この大きさであれば、スカイトレインのドアから充分運び入れることができる。

というより同機の設計者は、標準的な大型発電機を載せることを目標に、カーゴドアの寸法を決めたのかもしれない。搭載量の上限が2.7トンであることも、これを証明している。

ドイツはともかく、日本、とくに陸軍では、野外で使用できる移動式の大型発電機のことなど、念頭になかったのかもしれない。

さらにもう一つ、この扉の効用は、アイゼンハワーが勝利の鍵の一つにあげた、ジープを載せられるところにもあった。ジープに代表されるオープントップの小型軍用車は、それが直接に敵軍を攻撃する兵器でこそないが、戦争に欠かせぬ道具とも言える。このためドイツ軍ではキューベルワーゲン（5万2000台）、ソ連軍ではZAS67（8万台）、日本ではくろがね四起（5000台）を製造、配備している。しかし日本軍では、自軍のこの小型車を運べる輸送機を持つことができなかった。

戦争末期になると、ドイツ軍はようやく発動機6基装備の巨大な輸送機を製造しているが、その数はわずかに200機にすぎなかった。

この点アメリカ軍は、スカイトレインとジープという組み合わせが可能であり、そのため何処の戦場であっても、ジープがコマネズミのごとく走り回り、勝利に寄与することになる。

大戦争であるにもかかわらず、最高司令官が勝利の鍵として、戦略爆撃機でも大戦艦でもなく、ある意味ごく当たり前に存在したジープ、ならびにあまり性能を問われることのない輸送機を取り上げたところに、アメリカの軍隊の本当の強さが現れているような気がする。国力だけではなく、合理性という面でも大日本帝国は、戦う以前にアメリカに敗れていたといっても言い過ぎではないようだ。

38-3. C-47のカーゴドア。胴体の大きな開口部に注目

第39話

99艦爆とドーントレス

セイロン沖とミッドウェイ

太平洋戦争の前半、日本海軍の機動部隊とその艦載機は、世界史の上でも稀有な圧勝を記録した。

その最たるものは1942年5月初旬の、インド洋におけるイギリス艦隊の壊滅である。

その5カ月前、戦艦プリンス・オブ・ウエールズ、巡洋戦艦レパルスを、マレー半島沖合で短時間のうちに沈めており、それでもまだインド洋には有力なイギリス軍艦隊が残っているとの判断からの行動であった。

さらにイギリスからインド、そして極東への補給港としての、セイロン（現

39-1. レプリカながら魅力的な飛行ぶりの"99艦爆"

スリランカ）島のトリンコマリー港の破壊も目的である。

これまであまり日本の軍艦が足を踏み入れたことのない広大な海域に、赤城、蒼龍、飛龍、翔鶴（しょうかく）、瑞鶴（ずいかく）の五隻の空母を中心とする艦隊が侵攻した。空母加賀は座礁事故から参加していなかった。

機動部隊は、目的のトリンコマリー港を破壊するとともに、イギリス艦隊を攻撃した。戦果から確認すると、小型空母ハーミズ、重巡洋艦コーンウォール、ドセッシャー、駆逐艦バンパイア、その他数隻を撃沈して、日本側は1隻の艦艇も失っていない。

これら4隻の英艦を沈めたのは、すべて愛知99式艦上爆撃機である。大きな覆い（スパッド）のついた固定脚の艦上機で、決して新型機とはいえなかったが、熟練した搭乗員の手にかかると恐ろしいほどの威力を発揮した。

駆逐艦はともかく、ハーミズ（1万トン）、2隻の重巡（それぞれ1万トン）を、雷撃ではなくすべて急降下爆撃だけで沈めている。

驚くべきはその時の爆弾の命中率で、赤城搭載機17／16、蒼龍18／11、飛龍18／13、瑞鶴14／13、翔鶴18／13という数字になる。

斜線の前の数字が投弾数、後ろが命中した数で、まさに信じられないほどの高率と言える。

小型で運動性に優れている駆逐艦バンパイアに対してさえ、16発投弾、13発命中だから奇跡に近い。訓練でも、また停止中の目標にでもこれだけの命中率はなかなか得られないはずである。

それにしても1万トンの大型軍艦を、魚雷ではなく、爆弾のみで沈めた例は極めて少ない。もちろん、相手側に護衛戦闘機はなく、しかも対空砲火も貧弱という好条件下でもあったが。

ところでこれだけの戦果を挙げた99艦爆の実機は、今では世界中を探しても2機しか残っておらず、それらも飛行にできない。

しかしアメリカが映画『トラ・トラ・トラ！』のために、バルティー13／15練習機を改造したレプリカについては、3機がフライアブルな状態にある。

これらは写真からもわかる通り、細かな部分を除けば、まさに99艦爆そのものである。機会があればぜひ、本機

39-2. 99艦爆そのものといえるレプリカ

の飛行ぶりを自分の目で見てほしい。

さて次は、同時期のアメリカ側の艦上爆撃機ダグラスSBDドーントレスである。この初飛行は、99艦爆より2年ほど遅く、それだけにすべての面で優れている。

最大の違いは、引き込み脚と爆弾の大きさである。99式のそれは250キロだが、SBDは1000ポンド（450キロ）爆弾を搭載できる。また速度も比較的速く、偵察機としても活躍した。

99式の晴れ舞台がインド洋としたら、SBDのそれは間違いなく、1942年6月のミッドウェイであろう。

この大海戦では、最終的に日本海軍の4隻の空母を、すべて99艦爆と同様に急降下爆撃だけで撃沈、あるいは大破させた。

その総出撃数は3隻のアメリカ空母およびミッドウェイの基地からで、168機におよぶ。それぞれが1発の1000ポンド爆弾を搭載していたが、投下弾数ははっきりしない。攻撃に移る前に、空母の対空砲火によって撃墜されているからである。

最終的に、空母4隻に対して、3～4発、合計16発の命中を記録している。

日本の空母が、甲板上に艦載機、爆弾を置いていた状態という幸運もあって、ドーントレスはそれらに大損害を与えた。さらに日本の海軍のダメージコントロール技術が稚拙であった事実もあり、これだけの戦果を記録したのであった。

しかしそれなりの犠牲も払っており、第一波では16機、第二波では8機が零戦と対空砲火によって撃墜されている。

もっとも同じ日にダグラスTBDデバステーター部隊41機は、SBDが攻撃する直前に日本艦隊に向かって雷撃を決行している。この魚雷攻撃では1本も命中せず、しかも無事帰投できたTBDはわずか5機のみという悲劇であった。

それと比較するとドーントレスは、たしかに幸運だったと考えるべきだろう。

アメリカのチノ、ミッドランドなどのエアショーでは、ライバルであった99式とSBDが仲良く編隊を組んで飛行する場面がみられる。

欲を言えば、これにドイツ空軍のユンカースJu87スツーカ急降下爆撃機が加われば、とオールド航空ファンは夢想するのであった。

もはや対艦攻撃にはミサイルが使用され、それに伴って急降下爆撃機という機種は航空史から完全に消え去っている。さらに陸上のピンポイント目標についても同じで、誘導ミサイル、誘導爆弾がこの種の軍用機を駆逐してしまった。

あと十数年が過ぎれば、若い航空ファンは〝急降下爆撃機〟という名称さえ知らないということになってしまうのだろう。

39-3　アメリカ海軍のSBDドーントレス

第40話 戦略爆撃が勝敗を決めた

4発爆撃機の威力と悲哀

大日本帝国とドイツ第三帝国。ともに第二次大戦における、枢軸中の枢軸である。

アジアとヨーロッパに君臨した二つの軍事大国を、崩壊、そして降伏に追い込んだものはなにか。

前者では強大な日本海軍が1944年秋フィリピン沖において全滅したこと、後者の場合は400万名以上の兵員を有するソ連軍が、ドイツ陸軍を徹底的に打ち破った状況などが挙げられる。

しかし両国に共通する原因としては、やはり本国が米英の戦略爆撃によって、焦土と化したことであろう。

これを実現したのは、アメリカ、イギリスの4発重爆撃機の大編隊であった。この大戦において、双発、3発の爆撃機では決して〝重〟爆撃機とは呼べなかった。

双発、4発の差は極めて大きく、爆撃機のもっとも重要な能力である爆弾搭載量に関しては、我が国の4式重爆飛龍、ドイツのハインケルHe111など2～4トン、一方、米英のそれらは4～8トンと2倍であった。つまり同じ量の爆弾を投下するには、双発機が2倍必要ということになる。

また4発爆撃機の総重量を別表に示しているが、これらと比較すると、飛龍のそれは14トン、He111も14トンで、欧米の重爆撃機よりも10トン以上軽い。これはそのまま自身を守る装甲板、搭

40-1. 1万2700機も造られたB-17フライングフォートレス

載機関銃の数などの生き残り性能（抗堪性）と直結する。

とくにB-17、B-24などは、強力な装甲、防御用機銃を頼りに、多数の迎撃戦闘機による防衛網を突破して、目標を襲うというイメージがある。

これに対して日独の双発機には、なんとなくひ弱な感じが付き纏う。

そして日本の場合、2種の飛行艇を除くと、戦争の全期間を通じて、重爆撃機の開発も配備もできないままであった。陸軍に至っては開発の計画さえなかった。

このような実態を知ると、アメリカ、イギリスに対して、真正面から戦いを挑んだこと自体、無謀と言えるのかも

40-2. B-29に次ぐ巨大な4発機PB4Yプライベティア

しれない。

別な意味から悲惨な状態を招いたのは、ドイツである。なんとか実用に値する4発機は、フォッケウルフFw200コンドル／クーリエのみ。本機も旅客機から改造された脆弱な航空機で、しかも生産数は260機に過ぎない。

しかしドイツの航空技術が、日本と異なり4発機を開発できなかったわけではなく、資料から見ると次のような機種が浮上する。

ここで取り上げるのは、数はわずかでも機体が完成したものである。ただし輸送機、発動機付き大型滑空機を除く。

●ユンカースJu488 4発機 完成

●ユンカースJu264 4発機
完成 飛行

●ドルニエDo26 4発機 飛行艇
実戦に登場

●ハインケルHe274 4発機
完成 連合軍の手により初飛行

●ハインケルHe277 4発機 飛行

●ユンカースJu290 4発機
実戦に登場

●ハインケルJu390 4発機
実戦に登場

●メッサーシュミットMe264 4発機
完成 飛行

●フォッケウルフFw（Ta）400 6発機
完成 飛行

●ブローム・ウント・フォスBv222 6発機 飛行艇 15機完成 飛行

●ブローム・ウント・フォスBv238 6発機 飛行艇 3機完成 飛行

驚いたことに、ともかく完成し、初

飛行を終えている機種だけを数えても、4発機7種、6発機3種に達する。いうまでもなく、米英には6発の軍用機は存在しない。

たしかにこの中には実戦に参加したものもあるが、機数が少ないこともあって戦果は皆無であった。

もう一つ、ドイツ空軍は4発爆撃機に関して、惨めというしかない失敗を冒している。

それはハインケルHe177グライフ（大鷲の意）の開発であった。誕生したグライフは全幅31m、総重量は31トンに達する大型の双発機であった。そのエンジンは、有名なDB610を2基結合させたもので、出力は実に2700馬力と、大戦中に出現した航空用としては抜群に強力なものであった。この4基で2台のプロペラを駆動するので、外観は双発機である。

完成はしたものの、この双子型エンジンは故障続出、飛行中に火災が発生することも珍しくなかった。

あわせて200機以上生産されたが、そのうち30％は飛行不能と判断される有様で、それ以上の製造は中止された。

これに慌てた航空省は、双子エンジンの使用をやめて通常型の4発機（ハインケルHe177B）への改修を決め、生産を再開した。

しかし、すでに戦況は大型の爆撃機を必要とされる時期ではなく、少数が工場から出たのみで消えていった。

それにしてもドイツ空軍省は、いったいなにを根拠にこれだけ多種の多発爆撃機を開発したのだろうか。

単発機とちがって多発機、それも4発、6発機となれば、その開発には膨大な資金、時間、労力、資材を必要とする。それでなくとも戦時となれば、あらゆる点で効率を優先し、無駄を省くことが勝利に繋がるのは必然である。

それが理解できなかったドイツの首脳部、技術陣の敗北であった。

各国の4発爆撃機（製造数が500機を超えるもの）

国	機種	総重量（トン）	製造数（機）	合計（機）
アメリカ	コンソリデーテッド　PB4Yプライベティア	31.0	740	35947
	ボーイング　B-17フライングフォートレス	29.5	12716	
	コンソリデーテッド　B-24リベレーター	25.4	18431	
	ボーイング　スーパー　B-29　フォートレス	54.5	4060	
イギリス	ショート・スターリング	31.8	2390	16035
	ハンドレページ・ハリファックス	26.3	6268	
	アブロ・ランカスター	31.8	7377	
ドイツ	ハインケル　He177グライフ	31.0	980	980

撮影場所一覧

本書で紹介したウォーバーズは何処で見られるか

本書の写真を眺め、本文を読んだあと、何としても実物のウォーバーズのフライトを、自分の目で見てみたいと思う読者は少なくないと思われる。

そのような方々のために、撮影場所を下記に掲げておく。ただしエアショーの参加機、博物館の展示機は、主催者の都合、機材の故障などにより掲げた情報と異なる場合も多々あるので、事前にネットなどで確認していただきたい。

現在ではあらゆるエアショー、博物館、基地のオープンハウスなどについては、事前にホームページを見ることによって、細かい内容を知ることが出来る。

一覧表中、エアショーは〈AS〉、写真に修整を加えたものはリタッチ〈RT〉で表示している。またリストの番号は、本文中の写真の番号と一致させているので、参照されたい。

写真提供者

飛行機が好きということで永い間お付き合いしている友人、知人、また海外のエアショー見学のさい知り合った方々から写真の提供をいただいている。ここにお名前を挙げ、厚くお礼を申し上げたい。(敬称略。あいうえお順)

岩浪暁男　元地方公務員
牛山泉　大学教授
大気高大　技術系会社員
王清正　自営業
金岡充晃　技術系会社員

※さらに数年、数十年前に４、５人の方と写真を交換し合った記憶があり、掲載写真の撮影者が不明の場合も多い。お心当たりのある方は編集部宛てにご一報いただきたい。

POF: Plane of Fame Museum
EAA: Experimental Aircraft Association
IAT: International Air Tatto
CAF: Commemorative Air Force
AS: Air Show, RT:Re-Touch

01-1	零戦とSBDドーントレス	カリフォルニア州　チノ　POF　AS
01-2	SBDドーントレス	カリフォルニア州　チノ　POF　AS
01-3	SBD搭載機関銃	カリフォルニア州　オシアナ　AS
02-1	B-52	ウィスコンシン州　EAA　AS
02-2	運搬車の上のミサイルSA-2	イギリス　ダックスフォード博物館
02-3	発射台上のミサイルSA-2	ベトナム　ハノイ近郊の公園
02-4	B-52の残骸	ハノイ　B-52大量撃墜記念公園
03-1	F4Fワィルドキャット	ウィスコンシン州　EAA　AS
03-2	F4Fワィルドキャット	テキサス州　ハーリンジェン飛行場
04-1	B-24リベレーター	ネバダ州　ネリス　AS
04-2	B-24リベレーター	ネバダ州　ネリス　AS
04-3	メッサーシュミットBf109	ニュージーランド　ワナカ　AS
04-4	88mm高射砲	スウェーデン　対空火器博物館
05-1	He162フライト中	パリ　ル・ブルージュ博物館　RT
05-2	博物館のHe162	パリ　ル・ブルージュ博物館
06-1	Yak-3	パリ　ル・ブルージュ博物館
06-2	Yak-3	カリフォルニア州　チノ　POF　AS
07-1	アブロ・バルカン	イギリス　IAT　AS
07-2	アブロ・バルカン	イギリス　IAT　AS
07-3	ビクター空中給油機	イギリス　IAT　AS
08-1	ボートF4Uコルセア	ニュージーランド　ワナカ　AS
08-2	ボートF4Uコルセア	テキサス州　ハーリンジェン　CAF　AS

08-3	P-51マスタング	テキサス州　ハーリンジェン　CAF　AS
09-1	ミグ MiG-15/17	カリフォルニア州　チノ　POF　AS
09-2	オーストラリア海軍のシーフューリー	ウィスコンシン州　EAA　AS
09-3	海兵隊のF4Uニルセア	フロリダ州　ペンサコラAS
09-4	A-1スカイレイダー	カリフォルニア州　チノ　POF　AS
10-1	P-40ウォーホーク	ニュージーランド　ワナカ　AS
10-2	P-40ウォーホーク	カリフォルニア州　チノ　POF　AS
11-1	スティンガーSAM	ネバダ州　ネリス　AS
11-2	Mi-24ハインド	モスクワ　ジェコフスキー　AS
11-3	Su-25フロッグフット	イギリス　IAT　AS　RT
12-1	ソードフィッシュ飛行	イギリス　シャトルワース　AS
12-2	ソードフィッシュ	マルタ島　航空博物館
13-1	F-14トムキャット	厚木　AS
13-2	F-14トムキャット	空母エンタープライズ艦上
13-3	Su-22フィッター	イギリス　IAT　AS
14-1	一式戦隼の星型エンジン	ニュージーランド　ワナカ飛行場
14-2	F4Uコルセアのエンジン	イギリス　ダックスフォード博物館
14-3	エレファント自走砲	アメリカ　アバディーン戦車博物館
15-1	Tu-2	中国　北京航空博物館
15-2	La-9/11	中国　北京航空博物館
15-3	MiG-17ファゴット	ネバダ州　ネリス　AS
15-4	F-86セイバー	ネバダ州　ネリス　AS
16-1	ミラージュIII	オーストラリア　メルボルン　AS
16-2	ミラージュ2000	台湾　桃園航空基地
16-3	ミラージュF1	フランス　パリ　AS
17-1	V1-フライト	ベルギー　ブリュッセル航空博物館　RT
17-2	V1発射カタパルト	イギリス　ダックスフォード博物館
17-3	スピットファイアHF	イギリス　ビギンヒル　AS
18-1	DHモスキート	イギリス　フライング　レジェンド　AS
18-2	Yak-3	ニュージランド　ワナカ　AS
18-3	DHバンパイア	ニュージランド　ワナカ　AS
19-1	Mi-24ハインド	モスクワ　ジェコフスキー　AS
19-2	F-4ファントム	イギリス　IAT　AS
20-1	アルプス上空のDr-1	ニュージランド　ワナカ　AS
20-2	滑走中のDr-1	ニュージランド　ワナカ　AS
20-3	イギリス空軍のSE-5	イギリス　シャトルワース　フライ・デイ　AS
21-1	離陸するMiG-15/17	ネバダ州　ネリス　AS
21-2	F-80仕様のT-33	カリフォルニア州　チノ　POF　AS
21-3	F84Fサンダージェット	カリフォルニア州　パームビーチ航空博物館
21-4	双発戦闘機ミーティア	メルボルン基地　展示場
21-1	編隊で飛ぶ零戦	カリフォルニア州　チノ　POF　AS
21-2	白煙をひく零戦	カリフォルニア州　チノ　POF　AS
23-1	MiG-21フィッシュベッド	イギリス　IAT　AS
23-2	戦闘爆撃機MiG-23/27	フロリダ州　ペンサコラ　AS
23-3	ランウェイ上のF-15	ネバダ州　ネリス　AS
23-4	F-16ファイティングファルコン	イギリス　IAT　AS
24-1	HPBのグラジェーター	イギリス　シャトルワース　フライ・デイ　AS
24-2	7Lのハリケーン	イギリス　シャトルワース　フライ・デイ　AS
24-3	PHVのサンダーボルト	ネバダ州　ネリス　AS
24-4	DRRのB-17	ネバダ州　ネリス　AS
25-1	F4Uコルセアとカタリナ	テキサス州　ハーリンジェン　CAF　AS

25-2	PBYカタリア	ニュージーランド　ワナカ　AS
25-3	J2Fダッグ	ネバダ州　リノ　エアレース　デモ
26-1	離陸するF-4ファントム	ネバダ州　ネリス　AS
26-2	MiG-21フィッシュベッド	ウィスコンシン州　EAA　AS
26-3	撃墜マークをつけたMiG-21	ベトナム　ハノイ　空軍博物館
27-1	急降下する零戦	カリフォルニア州　チノ　POF　AS
27-2	飛行中の隼	ワシントン州　フライングヘリテージコレクション　WAC空撮
27-3	増槽を付けたP-40	カリフォルニア州　チノ　POF　AS
27-4	B-25ミッチェル	カリフォルニア州　チノ　POF　AS
28-1	B-52爆撃機	イギリス　ダックスフォード　AS
28-2	離陸するF-4	ワシントンD.C.　アメリカ国立公文書館
28-3	ナパーム弾の猛煙	ネバダ州　ネリス射爆場
28-4	着陸するB-52	イギリス　IAT　AS
29-1	J-29トウンナン	スウェーデン　航空博物館
29-2	フーガ・マジステール	イギリス　IAT　AS
29-3	J-37ビゲン	スウェーデン　航空博物館
30-1	B-17クルー	テキサス州　フライングレジェンド　AS
30-2	B-17フォートレス	ウィスコンシン州　EAA　AS
30-3	Fw190戦闘機	カリフォルニア州　チノ　POF　AS
31-1	F-86とMiG-15	カリフォルニア州　チノ　POF　AS
31-2	MiG-17UT	ネバダ州　ホフマン基地格納庫
31-3	F-86A	イギリス　ダックスフォードコレクション
31-4	マッコーネル少佐のF-86	カリフォルニア州　チノ　POF　AS
32-1	CH-47チヌーク	オーストラリア　陸軍　オープンデイ
32-2	AH-1とCH-53	カリフォルニア州　ミラマー基地　AS
32-3	T54/55戦車	ベトナム　クアンチ省の田舎道
32-4	ZSU-14対空機銃	ベトナム　クアンチ省　兵器展示場
33-1	Bf109	ネバダ州　ネリス　AS
33-2	He111	カリフォルニア州　オンタリオ飛行場　CAF
33-3	ルフトバッフェパイロット	イギリス　フライングレジェンド　AS
33-4	スピットとハリケーン	イギリス空軍博物館　RT
34-1	L-4グラスホッパー	ロンドン郊外の私的な集まり
34-2	T-6テキサン	アーカンソー州　オザークの私的な集まり　空撮
34-3	L-19バードドッグ	ニュージーランド　ワナカ　AS
34-4	発煙ロケット弾	カリフォルニア州　ミラマー基地　AS
35-1	F117ナイトホーク	ネバダ州　ホマロン　AS
35-2	B-2スピリット	ネバダ州　ネリス　AS
35-3	ロシア製レーダー	ネバダ州　ネリス　展示場
36-1	Ju52タンテ	テキサス州　ハーリンジェン　CAF　AS
36-2	Ju52機首	ウィスコンシン州　EAA　エアベンチャー　AS
37-1	UH-1イロコイ	ケンタッキー州　フォートノックス　公開
37-2	UH-1機銃ポット	ケンタッキー州　フォートノックス　公開
37-3	An-2コルト	モスクワ　ジェコーフスキー
38-1	C-47スカイトレイン	カリフォルニア州　チノ　POF　AS
38-2	C-47とマスタング	〃
38-3	C-47カーゴドア	〃
39-1	99艦爆レプリカ（フライト）	〃
39-2	99艦爆レプリカ（滑走）	〃
39-3	SBDドーントレス	〃
40-1	B-17フライングフォートレス	カリフォルニア州　パームスプリングス博物館
40-2	PB4Yプライベティア	カリフォルニア州　チノ　POF　AS

ウォーバーズPHOTOギャラリー

世界の傑作戦闘機DVDシリーズ

ノースダコタ州ファーゴ上空で、
練習機T-6テキサンから撮影

日本海軍
三菱零式艦上戦闘機21型

この戦闘機“零戦”は、昭和16年12月の開戦時には陸上基地、空母機動部隊に合わせて500機が配備され、それから太平洋戦争の前半にわたり、北はアリューシャン、南はオーストラリア上空へと飛翔している。装備しているエンジンは1000馬力弱と、決して高出力とは言えないものの、強力な火力と優れた運動性、卓抜した長距離飛行性能は、当時の米英戦闘機を大きく凌駕していた。

なかでも初期の21型は、高い信頼性と容易な操縦性を持ち、操縦士から絶対の信頼を得ていた。緒戦の太平洋における日本軍の勝利の要因は、この戦闘機の活躍によっている。現在に至るも欧米の本機に対する関心は高く、25機が各地の博物館に展示され、そのうちの5機がフライアブルな状態にある。

ただし21型については1機のみで、さらにこの機体の飴色の塗装が、研究者、マニアの議論を呼んでいる。それはともかく、このタイプは“もっとも零戦らしい零戦”であり、実際に操縦したパイロットの評価は、後期型よりも高くなっている。

世界最強と呼ばれた
戦闘機が甦る

零戦21

ハイビジョン・マスター版
WAC-D625　全101分　¥3,800+税

カリフォルニア上空で、後部銃座を外した爆撃機B25ミッチェルから撮影

日本海軍
三菱零式艦上戦闘機22型

開戦後、太平洋全域で勝利を収めた零戦21型であるが、二つの弱点を抱えていた。一つは940馬力という非力なエンジン出力、また軽量化による強度と最高速度の不足である。海軍は早くからこの弱点に気づき、エンジンを1130馬力に、また強度を上げ、翼端を50センチほどカットした新型の32型を17年の夏から送り出す。本機を見たアメリカ軍は、これを零戦とは別の戦闘機と誤認している。改良された32型であるが、速度は多少向上したものの、旋回性、航続性能は低下し、生産数は多くなかった。なお現在、32型はスタティックな状態で、我が国で展示されている。

そのため再度の改良で、主翼をもとの寸法に戻した22型が生まれた。型式番号からは21型、32型、22型となっている。この22型は、エンジンと強度を増した21型と考えればよい。機体重量の増加は約200キロであるが、エンジンは20%強化され、性能は向上、さらに20mm機関砲の携行弾数が6割増えたことも、戦闘機としての威力を向上させている。

カリフォルニア州チノ上空で、後部銃座を外した爆撃機B25ミッチェルから撮影

日本海軍
三菱零式艦上戦闘機52型

戦争後半になり、次世代の新戦闘機川西紫電、紫電改が登場しても、海軍の主力戦闘機は相変わらず零戦であった。昭和18年秋から実質的な最終生産型が登場し、これが52型である。エンジン、防弾装備の改良が行われてはいるが、エンジンの出力は1130馬力と変わらず、しかも重量は22型と比較して300キロも重くなってしまっている。

この頃からアメリカは2000馬力級の強力な戦闘機を続々と登場させ、もはや零戦はあらゆる面でこれらの新鋭機に太刀打ちできなくなっていた。しかし紫電、紫電改の配備は遅々として進まず、昭和19年に至っても、すべての戦闘機のうちで多数が生産されたのは零戦であった。

やはり一刻も早く、1500馬力の金星発動機を装備した63型の登場が待たれてはいたが、手薄な日本の航空産業はそれを実現できなかった。

現在、飛行可能な52型は、フライアブルな零戦5機のうちで、唯一オリジナルの栄21型エンジンを装備している。この意味から、世界でもっとも貴重な零戦と言える。

栄エンジンを搭載した
最後の零戦

零戦52

ハイビジョン・マスター版
WAC-D590　全81分　¥3,800+税

テキサス州上空で、練習機T-6
テキサンから撮影

日本陸軍
中島一式戦闘機 キ-43 隼

太平洋戦争の足音を感じ取った日本陸軍は、それまでの主力戦闘機であった97式に代わる新型機の開発に取り掛かった。それまでの固定脚、2枚プロペラから引っ込み脚、3枚ペラに加えて、種々の新機軸を組み込んだ画期的な新戦闘機である。エンジンはそれまでの700馬力から、強力な1000馬力のハ-25となった。試作機は昭和13年12月に初飛行したものの、その評判は決して好ましいものではなく、その後の量産は一時的に棚上げされるありさまであった。この遅れは大きなマイナスとなり、開戦にあたって配備されていた一式戦はわずか40機にすぎなかった。

それでも信頼性の高いハ-25、のちのハ－115エンジンから、次第に南方の戦場でアメリカ、イギリス軍機に対して戦果を挙げ、最終的な製造数は5700機に達した。この数は零戦に次ぎ2番目である。陸軍が本機に“隼”の愛称を与えたこともあって、国民への知名度は“零戦”を上回っていた。現在、飛行可能な１型がアメリカに存在している。

カナダ・オンタリオ州ナイアガラフォールズ上空で、練習機T-6テキサン（カナダではハーバードと呼ぶ）から撮影

ドイツ空軍戦闘機
メッサーシュミットBf109

第二次大戦直前に起こったスペイン内乱に、ドイツ空軍は新しい戦闘機を送り込み、同国の制空権を手中に収めている。これがメッサーシュミットBf109の実質的なデビューで、この高性能戦闘機は3万機を超える生産が行われ、ドイツ第三帝国の崩壊まで戦い続けた。

戦争前半の主力は、主翼の先端をはじめ、いろいろな個所が角張った外観のE型であった。本機は英空軍のスピットファイアと英仏海峡上空において、死闘を演じた。中期以降になると、丸みを帯びたF、並びにG型が登場している。

109型のダイムラーエンジンは、当時としては最新の技術である燃料噴射ポンプを持ち、加速性能でスピットを引き離している。ただし航続距離の不足、狭い主脚の間隔による滑走時の安定が問題で、どちらも経験の少ないパイロットの悩みの種であった。なおBfという記号は、メッサーシュミット社の前身がバイエルン社であったことに由来する。フライアブルな機体としてはアメリカ、イギリスに合わせて4機が存在している。

カリフォルニア州チノ上空で、練習機T-6テキサンから撮影

ドイツ空軍戦闘機 フォッケウルフFw190

1942年の夏、英空軍が自信をもって出撃させていたスピットファイアの前に、突然、円筒形の機首をもった新型戦闘機が登場し、大きな損害を強いる。

これがドイツ空軍／ルフトバッフェのFw190で、それまでと違ったBMW製空冷エンジンを装備していた。その出力は1700馬力であるから、日本海軍の零戦（1130馬力）とは次元が違う高性能を持っていた。本機にはヴァイナー（百舌鳥）の愛称が与えられているが、これは正式なものではない。

また190は対戦闘機戦闘だけではなく、ドイツ本国に来襲する大型爆撃機の迎撃にも大きな威力を発揮し、2万機が製造されている。また戦争の末期になると、2200馬力という強力な液冷エンジン付きのD型（長ッ鼻と呼ばれた）が登場し、枢軸側最強の戦闘機となったが、時期的にあまりに遅かった。フライアブルな機体は現在のところ2機であるが、まもなくレストアを終えてD型がアメリカ国内においてデビューする予定である。

連合軍を震撼させた
ドイツ空軍最強の戦闘機

フォッケウルフ
Fw190

WAC-D637 全71分 ¥3,800+税

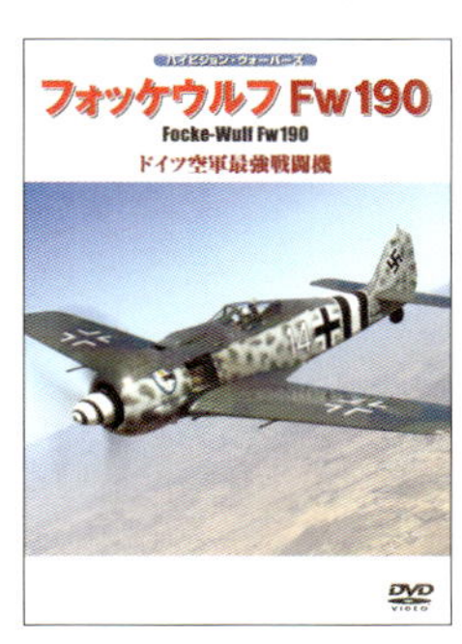

カナダ・オンタリオ州ナイアガラフォールズ上空で、練習機T-6テキサンから撮影

イギリス空軍戦闘機 スーパーマリン・スピットファイア

当時の首相W・チャーチルをして、大英帝国の救世主と呼ばせたのが、このスーパーマリン・スピットファイア（気の強い女性を意味する）戦闘機である。1939年9月の大戦勃発以来、45年8月の終戦まで、傑作発動機RRマーリンエンジンを装備した本機は、ヨーロッパ、アフリカ、中東、アジアで戦い続け、大きな戦果を挙げた。

スピットの最大の特徴は楕円翼と呼ばれた主翼であり、これが素晴らしい運動性を発揮する源であった。また設計強度に余裕があり、初期型のエンジン出力1050馬力から、最終生産型ではその2倍の出力を装備できた。

さらに高空性能もドイツの最新型に匹敵し、英仏海峡上空の空中戦では終戦間際まで主役を務めている。ただしスピット最大の短所は薄い主翼を原因とする搭載燃料の少なさで、これはそのまま航続距離の不足に直結している。

初期型の航続距離は零戦、隼の4割に過ぎず、大戦後半に米英空軍の爆撃機によるドイツ本土空襲が開始されると、その価値は急落したと言わざるを得なかった。

ノースダコタ州ファーゴ上空で、
練習機T-6テキサンから撮影

アメリカ空軍戦闘機
ノースアメリカンP／F-51マスタング

アメリカ陸軍航空隊（1952年に空軍に昇格）は、国産のアリソン発動機を装備した地上攻撃機を開発していた。本機マスタング（野生馬の意）はエンジンの出力不足に悩まされていたが、反面、空力的には高性能が見込まれ、まもなくアリソンからスピットと同じマーリンエンジンに換装された。さらに全般的に設計が見直され、ここに大戦中の最優秀機と評価されることになるP-51Dマスタングが誕生した。その航続力は零戦に匹敵し、そのうえ旋回性を除くすべての性能は大きく上回っている。総生産数は1万4000機となっている。

本機の独壇場は、その長い足を駆使し、ドイツ、日本本土を攻撃する爆撃機のエスコートであった。飛行性能だけではなく、航法支援機器などについても、当時の日本軍戦闘機とは段違いに充実していた。また５年後の朝鮮戦争でも、500機以上が地上攻撃に活躍し、この傑作機の最後を飾っている。現在でもフライアブルなマスタングの数は、実に150機を大きく超え、各地のエアショーには必ず姿を見せている。

あとがき

少年時代を木更津基地（千葉県）の近くで過ごしたこともあって、このとき以来飛行機、とくに軍用機はつねに身近な存在であった。

なかでもウォーバーズと呼ばれる第二次大戦機は、筆者にとって人生の伴侶とも言い得る。

幸運なことに大学の教員というかつての職業から、海外出張、滞在の機会が多く、これを利用して各地の、この分野の航空機が乱舞するエアショーをいくつも見学している。

そしてウォーバーズのただ飛行するだけのショーから一歩進んで、テーマを持ったフライトに魅了された。

例えば　零戦とグラマン、メッサーシュミットとスピットファイア、さらにはF-86セイバーとミグMiG-15などの模擬空中戦を自分の目で見た時、なんとかこれらの〝生きている大戦機〟を活かした航空戦史を作れないか、と考えたのである。

この夢が、ワック（株）の鈴木隆一社長のご支援を受けて実現したのが本書である。

ワックはすでに世界各地に取材し、多くのウォーバーズをハイビジョンで空撮、DVD化している。

そのあまりに魅力的なシーンと、筆者、友人が撮影したスチールを合体させ、本書は世に送り出された。

繰り返すが、読者諸兄はぜひ現代に生きる大戦機の姿と、それが醸し出す興味深いエピソードを堪能していただきたい。

このような状況から、鈴木社長ならびに編集に携わってくださった主任編集委員の恩蔵茂氏に厚くお礼を申し上げる。

また海外までウォーバーズを見に出かける時間の無い方々には、同社の手掛けたハイビジョンDVDをご覧になることを強くお勧めする。

断雲を縫って飛ぶメッサーシュミット、編隊で飛翔する零戦、そして見事な運動性能を見せつけるスピットファイアなど、これらは戦争に使われるために生まれた機械という概念をはるかに超えて、まさに人類が造り出した芸術品という他はない。

私事にわたるが、人生においてこれだけ魅了される人工物に出会えた筆者は、充分に幸せであったというべきであろう。

2018年4月　三野正洋

三野正洋　みの・まさひろ
軍事・現代史研究の泰斗。とくに戦史、戦略戦術論、兵器の比較研究に独自の領域を切り拓く。1942年、千葉県生まれ。日本大学卒業後、大手造船会社機関開発部を経て日本大学生産工学部准教授。退職後は著述および知的財産の開発に従事。
『改善のススメ——戦争から学ぶ勝利の秘訣24条』（新潮社）、『「地勢」で読み解く太平洋戦争の謎』（PHP文庫）、『イラスト　大空のサムライ』『プロジェクト　ゼロ戦』（共著）『[図解]日本軍の小失敗の研究』『零戦なぜ、これほど愛されるのか』（以上ワック）など著書多数。

大空（おおぞら）の激闘（げきとう）　WAR（ウオー） BIRDS（バーズ）

2018年5月28日　初版発行

著者　三野 正洋

発行者　鈴木 隆一

発行所　ワック株式会社
東京都千代田区五番町4-5 五番町コスモビル　〒102-0076
電話　03-5226-7622
http://web-wac.co.jp/

印刷人　北島 義俊

印刷製本　大日本印刷株式会社

ISBN 978-4-89831-471-5